JN269097

基礎機械工学シリーズ 7

流れの工学

古川明徳
金子賢二
林秀千人
著

朝倉書店

まえがき

　空気と水は人類の生存に不可欠であり，文明の発祥が水利に恵まれた地域であったことからわかるように，水や空気などの流体とその流れ現象は文化・文明の発展に深いかかわりをもってきた．高度な文明生活を得た今日，流体の性質を知り，流れ現象を理解して巧みに利用する技術（これを学問的に体系化した分野を「流体工学」という）は，単に水車，ポンプ，送風機，圧縮機といった流体機械の性能設計や上下水道システム，油送管路システムのような流体自身の輸送にとどまらず，化学プラント，動力プラントあるいは空調システム，油空圧制御システムのようなエネルギー輸送媒体としての設備，さらには航空機や自動車などから磁気ディスク装置のヘッドに至るまで，運動する物体まわりの流れ問題など実に幅広い分野で必要とされるようになった．

　「流体工学」の学問分野は，その守備範囲の広がりとともに，実験的，経験的資料を基にして流体の性質を学び，連続の式，運動量の式，ベルヌーイの式，そして次元解析を用いて流れ現象を巨視的にとらえる"水力学"と称されるものから，流体を連続体とみなして微視的にとらえ，その性質ごとに区別した"完全流体力学"，"粘性流体力学"，"圧縮性流体力学"，"混相流体力学"，さらには，個々の分子の挙動を追った"希薄気体力学"や"分子動力学"へと細分化してきている．またコンピュータの発達とともに，さまざまな流れ現象をモデル化して数値によりシミュレーションを行い物理現象の解明をはかろうとする"数値流体力学"が現れ，従来から行われてきた実際の現象を計測して解析していく"実験流体力学"といった区別もなされるようになった．

　「流体工学」が対象とする流れ現象は拡大し，流れに関連した工学問題も多岐に及ぶようになったこととは裏腹に，大学や高専で実施される流体関連の科目数は，カリキュラムの編成上，年々減少傾向にある．そこで本書『流れの工学』では，読者諸君が個々の現象を詳しく知るのではなく，流体の性質とその流れ現象のよき理解者となるための第一歩として不可欠な基礎的事項を取り上げ，現象を定量的かつ巨視的にとらえるための基礎知識と解析や計測法を学ぶとともに"工

学的センス"を養うことに主眼を置いた構成とした．したがって，本書は，読者諸君の「流体工学」を学ぶ入門書としての十分な基礎知識と能力を与えてくれるものと信じる．しかしながら一方，著者らの力量と紙面の不足から説明不十分のところもあろうかと懸念する．読者各位からご質問，ご指摘など，ご教示いただければ幸いである．なお，本書の執筆に当たっては「いかにすれば読者諸氏の理解度を深めることができるか」に検討を加え，数多くの「流体工学」に関連する専門書を参考にし，一部引用させていただいた．巻末に，それら専門書を参考文献として掲げて謝意を表するとともに，数多くの演習問題に接して読者諸君の理解度を深めるためにも是非読まれることを勧める．

　本書において"流れの巨視的とらえ方と流体に対する工学的センス"を学ばれた読者諸君の「流体工学」へのさらなる理解を深めたいと願う気持ちに応えて，著者らは続編として『流れの力学』なる書を刊行している．そこでは，完全流体，粘性流体，圧縮性流体を取り上げ，流れの局所的な挙動の基本的理解と理論的に展開するうえで必要となる解析法の基礎知識について述べている．この書に限らず，細分化しつつある「流体工学」の流れ現象そのものおよびその解析法への理解を深化させるためには，さらに進んだ専門書を読まれることを強く望む．また本書に取り上げた流れ現象などの詳しい知識吸収にも貪欲であって欲しいと願い，その学問的意欲に応えるべく参考文献を巻末に掲げている．

　本書の刊行は朝倉書店編集部のお勧めによるもので，出版に際しては多大なご尽力をいただいた．ここに深謝を表す．また本書の内容を検討するに当たり有役なご意見を頂戴した福岡大学工学部機械工学科教授　山口住夫先生ならびに佐賀大学理工学部機械システム工学科教授　瀬戸口俊明先生に厚くお礼申し上げる．

　2000 年 3 月

著 者 一 同

目　　次

1. 流体の概念と性質

  1.1　流体の連続体近似 ……………………………………………… 2
  1.2　流体の性質と物性値 …………………………………………… 4
     a.　密度，比体積，比重 ……………………………………… 4
     b.　圧　力 ……………………………………………………… 6
     c.　理想気体と状態変化 ……………………………………… 6
     d.　圧縮率，体積弾性係数 …………………………………… 8
     e.　粘性とニュートンの粘性法則 …………………………… 10
  1.3　さまざまな流れ ………………………………………………… 14
     a.　定常流れ，非定常流れ …………………………………… 15
     b.　圧縮流れ，非圧縮流れ …………………………………… 15
     c.　粘性流れ，非粘性流れ …………………………………… 15
     d.　一次元流れ，二次元流れ，三次元流れ ………………… 16
  演習問題 ………………………………………………………………… 16

2. 流体の静力学

  2.1　圧力の定義と等方性 …………………………………………… 19
  2.2　圧力と体積力との釣り合い …………………………………… 20
  2.3　重力場における圧力 …………………………………………… 21
     a.　圧力と高さ ………………………………………………… 22
     b.　壁に働く静止流体力 ……………………………………… 25
     c.　浮　力 ……………………………………………………… 28
  2.4　相対的に静止状態にある流体 ………………………………… 29
     a.　等加速度直線運動 ………………………………………… 29
     b.　等角速度回転運動 ………………………………………… 30

演習問題 ………………………………………………………………… 32

3. 流れの力学

　3.1　流れの一次元近似 ……………………………………………… 36
　3.2　検査体積 ………………………………………………………… 37
　3.3　質量保存則 ……………………………………………………… 38
　3.4　運動量保存則 …………………………………………………… 40
　3.5　エネルギー保存則 ……………………………………………… 43
　3.6　角運動量保存則 ………………………………………………… 54
　演習問題 ………………………………………………………………… 56

4. 次 元 解 析

　4.1　SI 単位と次元 …………………………………………………… 62
　4.2　次元解析とバッキンガムのπ定理 …………………………… 64
　4.3　模型試験と相似則 ……………………………………………… 68
　　a.　幾何学的相似 ………………………………………………… 69
　　b.　運動学的相似 ………………………………………………… 69
　　c.　力学的相似 …………………………………………………… 70
　　d.　力に関する無次元パラメータ ……………………………… 70
　演習問題 ………………………………………………………………… 73

5. 管内流れと損失

　5.1　層流と乱流 ……………………………………………………… 75
　5.2　管摩擦 …………………………………………………………… 77
　　a.　円管内の層流管摩擦 ………………………………………… 79
　　b.　円管内の乱流管摩擦 ………………………………………… 80
　　c.　非円形管の管摩擦 …………………………………………… 81
　　d.　管内自由表面流れにおける管摩擦 ………………………… 82
　5.3　管路の各要素損失 ……………………………………………… 82
　　a.　管断面が急に拡大する場合 ………………………………… 82
　　b.　管断面が緩やかに広がる場合 ……………………………… 84

	c. 管断面が急に縮小する場合 ………………………………	85
	d. 管路の入口 ………………………………………………	87
	e. 管路の出口 ………………………………………………	87
	f. 管路が曲がる場合 ………………………………………	88
	g. 弁とコックの場合 ………………………………………	90
5.4	管路系における総損失 ………………………………………	92
5.5	管路の分岐と合流 ……………………………………………	93
5.6	管路網の損失と管路の設計 …………………………………	95
5.7	混相流れ ………………………………………………………	100
演習問題 ……………………………………………………………		103

6. ターボ機械内の流れ

6.1	ターボ機械の構造 ……………………………………………	107
6.2	オイラーヘッドと性能 ………………………………………	108
	a. ポンプ羽根車 ……………………………………………	108
	b. 水車羽根車 ………………………………………………	110
6.3	速度三角形と回転座標系のベルヌーイの式 ………………	111
演習問題 ……………………………………………………………		113

7. 流体計測

7.1	圧力測定 ………………………………………………………	116
	a. 液柱計形圧力計 …………………………………………	116
	b. 弾性形圧力計と圧力変換器 ……………………………	118
7.2	流速測定 ………………………………………………………	119
	a. ピトー管 …………………………………………………	119
	b. 熱線流速計 ………………………………………………	121
	c. レーザ・ドップラ流速計 ………………………………	121
7.3	流量測定 ………………………………………………………	122
	a. 絞り流量計 ………………………………………………	122
	b. 電磁流量計と超音波流量計 ……………………………	123
	c. 面積式および容積式流量計 ……………………………	124

  d. 翼車式流量計および渦流量計 …………………………………… 125
7.4 開水路の流れ ………………………………………………………… 125
  a. 水路勾配と流速公式 ………………………………………………… 125
  b. 常流・射流と跳水 …………………………………………………… 126
  c. 堰による流量計測 …………………………………………………… 128
7.5 流れの可視化 ………………………………………………………… 129
  a. 流線・流脈・流跡 …………………………………………………… 129
  b. 可視化技術 …………………………………………………………… 130
7.6 騒音計測 ……………………………………………………………… 131
  a. 騒音レベル …………………………………………………………… 131
  b. 騒音計測 ……………………………………………………………… 132
演習問題 …………………………………………………………………… 133

参 考 文 献 ………………………………………………………………… 137
演習問題解答 ……………………………………………………………… 139
索　　引 …………………………………………………………………… 143

1. 流体の概念と性質

　空気と水は人間生活に欠くことができない物質であるが，力学的には流体 (fluid) と呼ばれ，エネルギーや物質を運ぶ媒体として流体工学 (fluid engineering) の分野で重要な役割をもつ．一方，今後ますます重要となる地球規模の温暖化や汚染など，環境問題の解決に対してもキーとなる媒体である．

　私たちのまわりに存在する物質は普通の状態では固体 (solid), 液体 (liquid), 気体 (gas) の3つの相のいずれかに属する．鉄や木などで代表される固体はそれを変形させるのに大きな外力を必要とするのに対し，水と空気で代表される液体と気体は容易に変形するという共通の性質があるので流体と呼ばれ，同じ取り扱いがなされる．したがって，流体は力学的概念により定義された名称であるといえる．

　流体の流れ現象を解析する場合，流体を連続体 (continuum) と考えるのが普通である．物理的には，流体は空間に分布した分子から成り立ち，分子は不規則な運動を行っているので，ミクロなレベルで考えるとすると，流体の状態は時間的，空間的に不連続である．しかし通常の工学的応用ではそのようなミクロな議論は必要なく，分子の平均的な状態で密度や速度などを定義し，時間的，空間的に連続な性質をもった媒体として流体を力学的に取り扱うことが許される．

　流体が物体や壁に沿って運動するとき，表面近くではその速度が小さくなり，表面上では流体がそこに固着する性質がある．これは流体の粘性 (viscosity) によるものであり，物体表面に粘性力すなわち摩擦力が発生する．さらに表面だけではなく，流体内部でも流体層間の速度差により摩擦力が起こりいろいろな現象を引き起こす．粘性は流体の重要な性質である．

また，流体は圧力により体積を変える性質がある．たとえば，流れの速度変化が大きくなるとそこで起こる圧力変化も大きくなり，それに伴い流体の体積変化と密度変化が起こる．これを流体の圧縮性 (compressibility) という．とくに気体の場合は体積変化が起こりやすい．液体は気体に比べ圧縮されにくく非圧縮とみなされることが多いが，高圧の場合は圧縮性を考慮しなければ理解できない現象もある．

このように，連続体近似のもとで，粘性，圧縮性という性質を力学的にモデル化して流体を取り扱うことにより，その運動やいろいろな現象を解析することが可能となる．この章では，流体の連続体近似，圧縮性，粘性と粘性力，さまざまな流れについて述べる．

1.1 流体の連続体近似

すべての物質は分子から成り立っており，物質により決まった質量をもった分子が離散的に空間に分布している．固体では分子は多くの場合規則的な格子上に配列され，分子間の距離は分子の大きさ程度に接近している．そのため分子間相互に作用する力が大きく外力に対して変形しにくい．一方，気体では分子間距離が分子の直径に比べ非常に大きいので分子間力は弱く，分子は互いに衝突を繰り返しながら自由に運動している．気体の体積変化や変形が容易な理由はそこにある．液体では分子間距離は気体に比べると非常に小さいので，液体は体積変化に対する抵抗が大きい．しかし，分子は自由に動くことができるのでせん断変形 (1.2のe項参照) は容易である．固体に比べて流体が変形しやすいという性質や，気体と液体の圧縮性に対する差は，流体の微視的構造を考えることにより説明ができる．

このように分子の集まりからなる不連続な構造をもった流体の運動を考えるとき，どのような方法をとればよいであろうか．厳密に個々の分子の力学的挙動を追跡することは原理的には可能であるが，分子の数が莫大であるので実際的ではなく，実用上からもあまり意味がない．工学的には巨視的な立場から，流れ場 (flow field) の各点における微小体積 $\varDelta V$ に含まれる分子の微小時間 $\varDelta t$ における平均的な特性を求め，それをその時刻におけるその点の流体の特性とする方法がとられる．その場合，$\varDelta t$, $\varDelta V$ の大きさは流体の特性が時間，空間的に連続とみなせる程度に十分小さくなければならない．一方，平均値が意味をもつため

1.1 流体の連続体近似

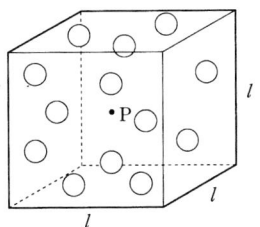

図 1.1 流体要素の微視的状態

には，ΔV はその中に十分多くの分子を含む程度の大きさであること，また Δt は分子が衝突により混合し ΔV 内で局所的な平衡状態に達するのに十分な時間であることが必要である．このように巨視的な見方により流体を連続体とみなし，局所的に平均された特性が時間，空間的に連続であると仮定できるとき，これを流体の連続体近似 (continuum hypothesis) と呼ぶ．

通常の状態ではほとんどの場合，液体，気体の流体工学的取り扱いに対し連続体近似が成り立つ．その妥当性を気体の分子運動論の観点から検討してみよう．たとえば，流体の特性として，単位体積当たりの質量，すなわち密度を定義するため，図1.1のように点Pを中心に含む1辺が l の微小立方体要素 ΔV を考える．この体積中に含まれる分子の個数の微小時間 Δt 内の時間平均値を n，分子の質量を m とすると，この微小流体要素の平均密度 ρ は次式で表される．

$$\rho = 質量/体積 = mn/\Delta V \tag{1.1}$$

数学的微分の概念からは ΔV は無限小の極限とすべきであるが，物理的な最小スケールとして，たとえば l の大きさを分子の大きさ程度に，Δt を分子運動の平均衝突時間 τ の程度に指定したとすると，ΔV に含まれる分子数 n が分子運動の影響を受け，その結果，ρ が時間的，空間的に大きく変動し不連続となるので不適切である．したがって，l および Δt をそれぞれ分子運動の平均自由行程 (mean free path) λ および平均衝突時間 τ に比べて十分大きくとる必要がある．

標準1気圧，0°Cの空気の場合，分子運動の平均自由行程は約 $\lambda = 6 \times 10^{-5}$ mm，平均衝突時間は約 $\tau = 1.4 \times 10^{-10}$ s であるので，微小体積の辺の長さと微小時間をそれぞれの10倍程度とり，$l = 10^{-3}$ mm および $\Delta t = 10^{-9}$ s 程度とすると密度は適切に定義できるであろう．このスケールは工学的観点からは十分小さいので，密度は時間，空間の連続関数とみなせる．液体の場合は気体に比べ分子

間距離が非常に小さいので，連続性は気体の場合ほど問題にはならない．

一般に，分子の平均自由行程 λ と，対象とする流れの代表寸法(たとえば管の内径や物体の大きさ) L の比

$$K=\lambda/L \tag{1.2}$$

をクヌッセン数(Knudsen number)と定義し，

$$K<0.01 \tag{1.3}$$

で流れ場の連続体近似が成り立つ．高層の大気，真空装置内部や狭い空間など特殊な条件下の現象を論ずる場合，式(1.3)により連続体近似の妥当性を判断することが必要である．

流体工学の問題では一般に連続体近似が成り立つので，密度 ρ，圧力 p，温度 T などの流体の特性，および流れの特性である速度 $V(x, y, z$ 方向成分を u, v, w とする)を時間 t と空間座標 (x, y, z) の連続関数と考えることができる．したがってその関数の時間，空間に関する微分および積分も可能である．なお，水と空気の境界面(air-water interface)や衝撃波(shock wave)などの不連続面も連続体近似の仮定により取り扱い可能である．

1.2 流体の性質と物性値

a. 密度，比体積，比重

単位体積当たりの質量を密度(density)という．質量 M の流体が体積 V を占めるとすると，この流体部分の平均密度 $\bar{\rho}$ は次式で表される．

$$\bar{\rho}=M/V \tag{1.4}$$

一般に密度は流体中で変化するので，1 点で局所的に定義される．その場合，連続体近似の条件を考慮して十分小さな質量 ΔM とその体積 ΔV の比，またはその極限をとる．

$$\rho=\Delta M/\Delta V=dM/dV \tag{1.5}$$

流体が均質であれば $\bar{\rho}=\rho$ である．ρ の単位は kg/m^3 である．

単位質量の流体の体積を比体積(specific volume)と定義し v で表す．これは密度の逆数であり，その単位は m^3/kg である．

$$v=\Delta V/\Delta M=dV/dM \tag{1.6}$$

流体の比重(specific gravity) S は，標準 1 気圧，約 4°C の水の最大密度 ρ_{H_2O} =1000 kg/m^3 を基準とし，これに対する流体の密度の比で定義される．

表 1.1 1気圧における水の密度，粘度，動粘度

温度 [℃]	密度 ρ [kg/m³]	粘度 μ [mPa·s]	動粘度 ν [mm²/s]
0	999.8	1.792	1.792
5	1000.0	1.519	1.520
10	999.7	1.307	1.307
15	999.1	1.138	1.139
20	998.2	1.002	1.004
25	997.0	0.8902	0.893
30	995.6	0.7973	0.801
40	992.2	0.6529	0.658
50	988.0	0.5470	0.554
60	983.2	0.4667	0.475
70	977.8	0.4044	0.414
80	971.8	0.3550	0.365
90	965.3	0.3150	0.326
100	958.4	0.2822	0.295

表 1.2 1気圧における乾燥空気の密度，粘度，動粘度

温度 [℃]	密度 ρ [kg/m³]	粘度 μ [μPa·s]	動粘度 ν [mm²/s]
-10	1.342	16.74	12.47
0	1.292	17.24	13.33
10	1.247	17.74	14.21
20	1.204	18.24	15.12
30	1.164	18.72	16.04
40	1.127	19.20	16.98

表 1.3 1気圧におけるおもな液体の比重 S

液体	温度 [℃]	比重	液体	温度 [℃]	比重
海水	15	1.01〜1.05	水銀	0	13.5955
グリセリン	15	1.264	水銀	10	13.5708
ガソリン	15	0.66〜0.75	水銀	20	13.5462
原油	15	0.7〜1.0	四塩化炭素	0	1.6326
エチルアルコール	15	0.7936	四塩化炭素	10	1.6039
メチルアルコール	15	0.7958	四塩化炭素	20	1.5944

$$S = \rho/\rho_{H_2O} \tag{1.7}$$

なお，単位体積当たりの重量 ρg を比重量(specific weight)と呼び，単位は

N/m³ である.なお,ここで g は重力加速度 (m/s²) である.
表 1.1,1.2 にそれぞれ水と乾燥空気の物性値 (property) を,表 1.3 に各種液体の比重を示す.

b. 圧　力

圧力 (pressure) は単位面積当たりの垂直力と定義される.一般には垂直応力と呼ばれるが,流体工学では圧力が使われる.たとえば,図 1.2(a) のように水平面上に底面積 A の物体が置かれ,そこに物体の重力 F が作用するとすると,面積 A に作用する平均圧力 $\bar{p}$ は次式で与えられる.

$$\bar{p}=F/A \tag{1.8}$$

流体の圧力は,流体が接している物体表面や流体内部で発生する.圧力は一般に場所により変化するので,密度の定義の場合と同様に微小面積について考える.図 1.2(b) のように任意の方向を向いた微小面積 ΔA をとり,そこに作用する垂直力を ΔF とすると圧力は次式で表される.

$$p=\Delta F/\Delta A=dF/dA \tag{1.9}$$

圧力の単位は N/m² または Pa (パスカル) である.標準の大気圧を標準 1 気圧 (1 atm) と定義し,これは 101.3 kPa に等しい.

なお,流体中の圧力の発生については,第 2 章で詳しく述べる.

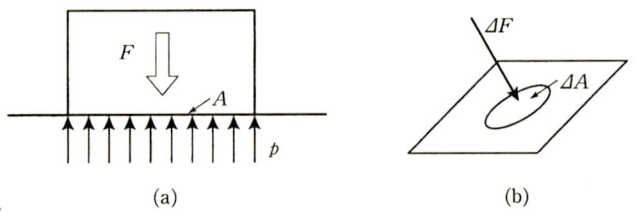

図 1.2　圧力の定義

c. 理想気体と状態変化

気体の状態量として圧力 p,密度 ρ,温度 T などがあるが,このうち,2 つを指定すると気体の状態が決まる.その関係式を状態方程式 (equation of state) という.状態方程式が次の簡単な式で表せる気体を理想気体 (ideal gas) または完全気体 (perfect gas) という.

表 1.4 1気圧，20°Cにおけるおもな気体の気体定数と比熱比

気体	分子記号	分子量 M	気体定数 $R[\text{J}/(\text{kg}\cdot\text{K})]$	比熱比 $\kappa=C_p/C_v$
乾き空気		28.97	287	1.40
酸素	O_2	32.00	260	1.40
窒素	N_2	28.01	297	1.40
二酸化炭素	CO_2	44.01	189	1.29
一酸化炭素	CO	28.01	297	1.40
水素	H_2	2.02	4124	1.41
ヘリウム	He	4.00	2077	1.67
メタン	CH_4	16.04	518	1.31

$$p=\rho RT \quad \text{または} \quad pv=RT \tag{1.10}$$

ここで，R は気体定数 (gas constant) で，気体の種類により決まる定数である．R の単位は J/(kg·K) である．また，T は絶対温度 (absolute temperature) である．超高圧や極低温を除けば，多くの気体は理想気体とみなせる．おもな気体の気体定数，比熱比を表 1.4 に示す．

気体が圧力変化により，密度，体積を変える場合，多様な変化過程がある．それはポリトロープ変化 (polytropic change) の式

$$p/\rho^n = \text{一定} \quad \text{または} \quad pv^n = \text{一定} \tag{1.11}$$

で表現される．ここで，n はポリトロープ指数で，等温変化 (isothermal change) のとき $n=1$，等エントロピー変化 (isentropic change) のとき $n=\kappa$ である．κ は定圧比熱 C_p と定容比熱 C_v の比

$$\kappa = C_p/C_v \tag{1.12}$$

であり，比熱比 (ratio of specific heats) と呼ばれる．空気の場合，$\kappa=1.4$ である．

〔**例題 1.1（大気の密度）**〕 地上 (1 atm, 20°C) と高度 10000 m の上空 (0.25 atm, $-50°C$) における空気の密度を求めよ．

〔**解**〕 状態方程式 (1.10) に，空気の気体定数 $R=287$ J/(kg·K)，地上の状態：$T=(273+20)$ K，$p=101.3$ kPa，および上空の状態：$T=(273-50)$ K，$p=0.25 \times 101.3$ kPa を代入する．状態方程式では絶対温度を使用することに注意する．

地上：$\rho = p/RT = 101.3 \times 10^3$ Pa/(287 J/(kg·K) × 293 K) = 1.205 kg/m³

上空：$\rho = p/RT = 25.3 \times 10^3$ Pa/(287 J/(kg·K) × 223 K) = 0.396 kg/m³

高度 10000 m はジャンボジェットが飛ぶ高度であるが，そこでは空気の密度が地上の

約1/3となることがわかる．第4章で述べるように，翼の揚力と抗力はどちらも密度の1乗および速度の2乗に比例するので，高空を飛行することは，高速化の点から有利である．

d. 圧縮率，体積弾性係数

流体の圧力が変化すると体積が変化する．この性質を圧縮性という．図1.3のように圧力 p，体積 V の流体を，Δp 加圧したとき体積が ΔV 変化（$\Delta V<0$）したとすると，単位圧力変化当たりの体積変化割合は次のようになる．

$$\beta=(-\Delta V/V)/\Delta p=(-dV/dp)/V \tag{1.13}$$

β を圧縮率(compressibility)と呼び，圧縮性の難易度を表す．液体は圧縮されにくいので，液体の β は気体に比べ格段に小さい．β の単位は Pa^{-1} である．

β の逆数を体積弾性係数(bulk modulus)と呼び，次式で定義する．

$$K=1/\beta=\Delta p/(-\Delta V/V)=(-dp/dV)V \tag{1.14}$$

流体の圧縮をバネの圧縮のように考えると，K はバネ定数と類似である．K の単位は圧力と同じ Pa である．β や K の値は流体の状態（温度，圧力）により変わり，気体ではさらに圧縮，膨張の熱力学的過程（c項および本項(2)参照）により変化することに注意する．

流体中を微小圧力波が伝播する速度，すなわち音速(sound velocity)は圧縮性と関連があり，圧縮されにくい流体ほどその音速は速くなる．音速 a は次式で計算される．

$$a^2=dp/d\rho=K/\rho \tag{1.15}$$

気体の場合は上式の $dp/d\rho$ の計算は等エントロピー変化を仮定する．

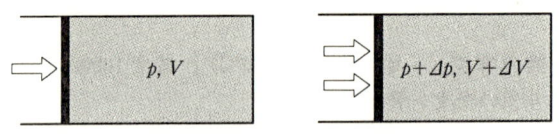

図 1.3 流体の圧縮率

(1) 液体の圧縮率： 液体では体積変化が起こりにくいので，一般に圧縮性は無視されるが，高圧の場合や液体中を音が伝播する現象では圧縮性が考慮される．たとえば，長い送水管の下流側バルブを瞬間的に閉鎖し管内流速を ΔV だけ急激に減少させた場合，バルブ付近に $\Delta p=\rho a\Delta V$ の高圧が生じ，その圧力波

が管内を往復伝播する水撃現象（water hammer, 他書参照）が発生し, 送水管を破壊することがある.

水の圧縮率は 1 atm, 20°C の状態では, $\beta = 0.488\,\text{GPa}^{-1}$ であり, 温度, 圧力により若干変化する. 表 1.5 および 1.6 に, それぞれ水およびおもな液体の体積弾性係数を示す.

表 1.5 水の体積弾性係数 K [GPa]

圧力範囲 [気圧] \ 温度 [°C]	0	10	20	50
1～25	1.93	2.03	2.06	
25～50	1.97	2.06	2.13	
50～75	1.99	2.14	2.22	
75～100	2.02	2.16	2.24	
1～500	2.13	2.26	2.33	2.43
500～1000	2.43	2.57	2.66	2.77
1000～1500	2.83	2.91	3.00	3.11

表 1.6 おもな液体の体積弾性係数 K

物　質	温　度 [°C]	圧力範囲 [MPa]	体積弾性係数 [GPa]
海　水	10	0.1～15	2.23
水　銀	20	0.1～10	25.0
グリセリン	14.8	0.1～1	4.4
エチルアルコール	14	0.9～3.7	0.97
メチルアルコール	14.7	0.8～3.6	0.94
ベンゾール	16	0.8～3.6	1.1

(2) 気体の圧縮率: 理想気体の圧縮率, 体積弾性係数は理論的に求めることができる. ポリトロープ変化の式 (1.11) を対数式で表し,

$$\ln p + n \ln v = 一定$$

さらに微分すると

$$dp/p + n(dv/v) = 0$$

となり, これと, 定義式 (1.13) および (1.14) より

$$\beta = (-dv/v)/dp = 1/(np), \qquad K = np \tag{1.16}$$

が得られる．

〔例題 1.2（空気と水の圧縮）〕 1 atm, 20℃ の空気および水をそれぞれ圧縮し，その体積を 1% 減ずるのに要する圧力上昇 Δp を求めよ．ただし，空気の圧縮過程は等温変化と仮定する．

〔解〕 空気：等温変化であるのでポリトロープ指数 $n=1$ である．したがって，式 (1.16) より，

$$K=p \tag{a}$$

体積弾性係数の定義式 (1.14) に $-dV/V=0.01$ を代入し，

$$dp=K(-dV/V)=p(-dV/V) \tag{b}$$
$$=0.01\,p=1.01\,\text{kPa}$$

水：表 1.5 より，$K=2.06\times10^9\,\text{Pa}$．したがって

$$dp=K(-dV/V)=2.06\times10^7\,\text{Pa}$$

水は空気の約 20000 倍の圧力を要することがわかる．（厳密には圧縮途中で K が変化する．）

なお，式 (b) は

$$dp/p=-dV/V \tag{c}$$

と書け，等温変化では，圧力の変化割合は体積の変化割合に等しいことがわかる．等エントロピー変化の場合は，$K=\kappa p$，$\kappa=1.4$ より

$$dp/p=1.4(-dV/V) \tag{d}$$

となり，等温変化に比べ 1.4 倍の圧力上昇が必要である．また，式 (c) は，状態方程式 (1.10) を，$T=$ 一定（等温変化）の条件で微分しても得られる．

e. 粘性とニュートンの粘性法則

2 つの固体が面で接触しながら相対運動を行うとき摩擦力 (friction force) が生じ，その運動を妨げる作用をすることはよく知られている．これと同様に，物体表面に沿って流体が流れる場合，壁近傍の流体要素は壁面から面に平行で流れと逆向きの摩擦力すなわちせん断力 (shear force) を受け，連続的なせん断変形 (shear strain) が生じる．このようなせん断力を発生させる流体の性質を粘性 (viscosity) という．粘性によるせん断力とせん断変形について調べよう．

もっとも単純な例として図 1.4(a) に示すように，h の間隔で平行に置かれた平板間の流体運動を考える．連続体近似のもとでは，すべての流体は粘性のため物体表面上に固着する性質がある．これをすべりなし条件 (no-slip condition) という．したがって，下板を固定し，上板を面に平行に一定速度 U で動かすと，

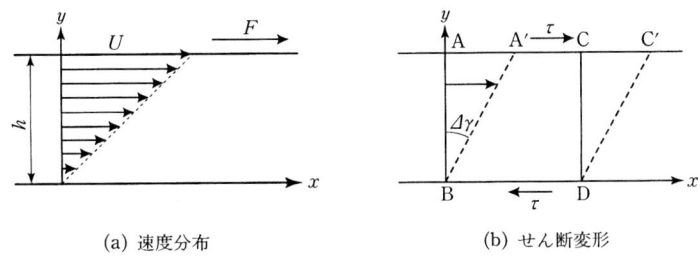

図 1.4　平行平板間の流れ

流体の速度は面に平行で，図のように $u=0$ から $u=U$ まで直線的に変化する．このような流れをクエット流(Couette flow)という．図の x, y 座標を用いるとすべての x 位置の速度分布は次式で表せる．

$$u=(U/h)y \tag{1.17}$$

U/h は y 方向の速度変化率を表し，速度勾配(velocity gradient)という．

このときの流体の変形状態は図1.4(b)のようになる．ある時刻に A-B および C-D 上にあった流体は微小時間 Δt の間にそれぞれ A'-B および C'-D 上に移動するので，長方形 ABDC が破線の平行四辺形 A'BDC' のようにせん断変形したことになる．せん断変形速度(rate of shear strain) $\Delta\gamma/\Delta t$ は，$\Delta\gamma = AA'/h$，AA'$=U\Delta t$ を考慮して，

$$d\gamma/dt = \Delta\gamma/\Delta t = U/h \tag{1.18}$$

以上より，せん断変形は速度勾配により起こること，せん断変形速度は速度勾配に等しいことがわかる．

次に，このせん断変形に必要な力を考える．図1.4の例で，運動を維持するためには，上板に対し右向きに力 F をつねに加え続ける必要がある．また，下板を固定するためには下板に左向きの力 F が必要である．これを内部の流体からみれば，上板からは右向きのせん断力 F を，下板からは左向きのせん断力 F を受けている．

実験によるとこのせん断力 F はせん断変形速度 $d\gamma/dt\,(=U/h)$ と板の面積 A に比例するので，比例係数を μ として次式が成り立つ．

$$F=\mu(U/h)A$$

または

$$\tau = F/A = \mu(U/h) = \mu(d\gamma/dt) \tag{1.19}$$

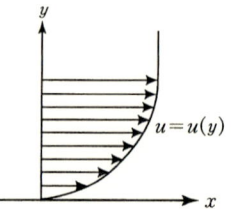

図 1.5　壁近くの速度分布

ここで，μ は流体の粘性を表す物性値で粘度 (viscosity) と呼ばれ，Pa·s の単位をもつ．0.1 Pa·s をポアズ (記号 P) で表すこともある．τ は単位面積当たりのせん断力すなわちせん断応力 (shear stress) で，圧力と同じ Pa の単位をもつ．式 (1.19) をニュートンの粘性法則 (Newton's law of viscosity) という．速度勾配が y 方向に一定のこの例では，τ の値は板の表面および流体内部で一定である．

壁近くの流れは一般に図 1.5 に示すような速度分布をもつ．この場合，速度勾配は局所的に微分係数 du/dy で表され，ニュートンの粘性法則は次式となる．

$$\tau = \mu (du/dy) \tag{1.20}$$

図 1.5 の場合，速度勾配は壁面で最大であるので，τ はそこで最大となり，壁から離れるにつれて小さくなる．また，この式より，速度勾配がゼロ (一様流れ uniform flow)，または静止流体中では粘性によるせん断応力は発生しないことがわかる．

固体の場合，一定のせん断応力 τ が作用するとフックの法則 ($\tau = G\gamma$，G：横弾性係数) による一定のせん断変形 γ が起こって釣り合い状態になり，それ以上変形は起こらないのに対し，流体の場合は式 (1.19) のように，一定のせん断変形速度 $d\gamma/dt$ で連続的に変形が持続する．また，せん断変形は体積変化を伴わないことに注意しておく．

粘度の値は流体の種類により異なるが，同一流体でも，一般に温度，圧力により変化する．とくに気体では温度の影響が大きい．これはせん断応力発生のメカニズムが分子運動に関連するからである．図 1.6 のように，面 A–A の両側の層間に速度差 Δu があるとすると，ランダムな分子運動により分子がその面を横切って上下に移動し，そこで衝突，混合による運動量交換 (momentum exchange) が起こる．その結果，面 A–A 上の流体要素に対し，速度差 Δu をなくすようなせん断応力が発生する．気体の場合，温度上昇により粘度が高くなる

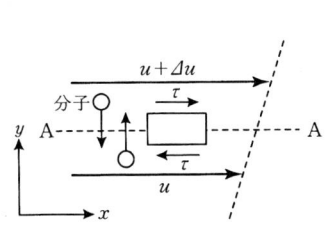
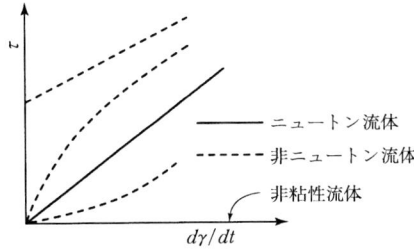

図 1.6 分子運動によるせん断応力の発生　　図 1.7 種々の流体の τ と $d\gamma/dt$ の関係

のは分子運動が活発化するためである．一方，液体では分子運動は気体に比べ活発ではなく分子間距離が小さいので，せん断力はおもに分子間の凝集力より発生する．凝集力は温度上昇により弱くなるので，μ も温度とともに低下する．粘性流体が壁面に固着し壁との相対速度がゼロになるすべりなしの条件も同様に，壁面近傍の流体分子が壁の固体分子と衝突し，散乱，混合を繰り返し，連続体近似の仮定により壁との相対速度がゼロになることから説明できる．

　空気や水など多くの流体の粘度 μ はせん断変形速度によらず一定である．そのような流体をニュートン流体 (Newtonian fluid) という．これに対し，固形物を含んだ水や高分子化合物を含んだ特殊な液体では，μ がせん断変形速度によって複雑に変わる．そのような流体を非ニュートン流体 (non-Newtonian fluid) と呼ぶ．非ニュートン流体では τ とせん断変形速度 $d\gamma/dt$ の関係は図 1.7 に示すように原点を通る直線ではなく，種々の挙動を示す．また仮想的に $\mu=0$ とした流体を非粘性流体 (inviscid fluid) という．本書ではニュートン流体のみを扱う．

　粘性を伴う流体の運動に対しては，粘度 μ そのものより，μ と密度 ρ の比 ν が重要なパラメータとなる．

$$\nu = \mu/\rho \tag{1.21}$$

これを動粘度 (kinematic viscosity) と呼ぶ．ν の単位は m²/s で，固有の名称はない．ただし，10^{-4} m²/s をストークス (記号 St) と呼ぶことがある．

　ν の物理的意味は次のように考えられる．たとえば，1 気圧，20℃ の水の μ は空気の μ の約 55 倍であるが，水は空気の約 800 倍の密度をもつので，水の ν は空気の約 1/15 である．したがって，水の流れは空気よりも粘性の影響が小さいさらさらした流れとなる．これは，水の運動では，空気に比べ密度に比例する慣性力が大きく，粘性力の影響が相対的に小さくなるからである．

なお，ν の単位は m^2/s で質量の次元を含まないことから，ν は流体の運動状態を決めるパラメータであることに注意する．動粘度 ν に対し，μ を絶対粘度 (absolute viscosity) と呼ぶことがある．

〔**例題 1.3（船体に働くせん断応力）**〕 船が $U=10\,m/s$ の速度で走るとき，船体のある位置での水の速度分布 $u=u(y)$ が図 1.8 に示すように，$y=Y$ に頂点をもつ放物線で表されるとする．$y=0$ および $y=Y/2$ におけるせん断応力 τ を求めよ．ただし，$Y=10\,mm$，水の状態は $1\,atm$，$20℃$ とする．

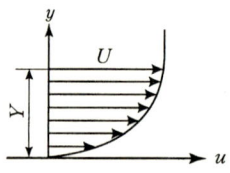

図 1.8　船体表面の速度分布

〔**解**〕 速度分布は
$$u=U[1-\{1-(y/Y)\}^2]$$
速度勾配はこれを微分して，
$$du/dy=2(U/Y)\{1-(y/Y)\}$$
表 1.1 より $\mu=1.00\times10^{-3}\,Pa\cdot s$ であるので，
$y=0$（船体表面）では
$$u=0, \quad du/dy=2(U/Y)$$
$$\tau=\mu(du/dy)=2\mu(U/Y)=2.00\,Pa$$
$y=Y/2$ では
$$u=(3/4)\,U, \quad du/dy=U/Y$$
$$\tau=\mu(du/dy)=\mu(U/Y)=1.00\,Pa$$
この例より，船体の摩擦抵抗はかなり小さいことが推測できる．これに比べて船体が波を起こす結果生じる造波抵抗は格段に大きい．その和が船の全抵抗となる．

1.3　さまざまな流れ

一般に流れの解析的取り扱いにおいて，速度 $V(x, y, z$ 方向成分を u, v, w とする），圧力 p，密度 ρ などの状態量は，時間 t と空間 (x, y, z) の関数とみなされる．しかし，すべての流れがそのように複雑な関数関係をもつものではないし，実際的には目的に応じていろいろな簡単化の仮定がなされる．

a. 定常流れ，非定常流れ

流れ場中の任意の点で，流れの状態が時間 t に無関係，すなわち時間的に変わらないと仮定できる流れを定常流れ (steady flow) と呼ぶ．これに対し，状態が時間的に変化する流れは非定常流れ (unsteady flow) と呼ばれる．したがって，任意の状態変数を f とすると，定常流れは次式で定義される．

$$\partial f/\partial t = 0 \tag{1.22}$$

b. 圧縮流れ，非圧縮流れ

密度 ρ が時間，空間的に変化しないと仮定できる流れを非圧縮流れ (incompressible flow) と呼び，そうでない場合を圧縮流れ (compressible flow) と呼ぶ．したがって，非圧縮流れでは次式が成り立つ．

$$\rho = 一定$$

または

$$\partial \rho/\partial t = 0, \quad \partial \rho/\partial x = 0 \quad \text{など} \tag{1.23}$$

液体の流れは通常，非圧縮流れであるが，圧力変化が著しい場合は圧縮流れとなる．一方，気体は一般に圧縮されやすいが，圧力変化が小さい場合は非圧縮流れと仮定できる．気体の場合，流速 V と音速 a の比で定義されるマッハ数 (Mach number) M により流れに及ぼす圧縮性の影響が判断できる．

$$M = V/a \tag{1.24}$$

$M < 0.2$ 以下では最大密度変化が1%以下であり，非圧縮流れと仮定できる．

c. 粘性流れ，非粘性流れ

実在流体はすべて粘性をもち，その流れは粘性流れ (viscous flow) であるが，粘性の影響が小さい場合，解析の簡単化のため粘性なし ($\mu=0$) と仮定することがある．その流れを非粘性流れ (inviscid flow) と呼ぶ．非粘性流れは理想化されたモデルであり，流れ解析の基本となるだけでなく，これにより多くの実際問題が近似的に解ける．しかし，せん断応力に起因する抵抗力や流体の内部摩擦に伴う損失がつねにゼロとなる不合理は避けられない．

なお，粘性も圧縮性もないと仮定した流体を，完全流体 (perfect fluid) と呼ぶことがある．

d. 一次元流れ，二次元流れ，三次元流れ

上述のように，一般の流れの状態は，位置を表す座標 (x, y, z) の関数であり，x, y, z 方向の速度成分 u, v, w が存在する．この場合を三次元流れ (three-dimensional flow) と呼ぶ．流れの状態が 2 変数，たとえば (x, y) の関数で，$w = 0$ の場合を二次元流れ (two-dimensional flow) と呼ぶ．この場合は x-y 平面内の流れとなり，z 方向に状態は変化しない．流れ状態が x のみの関数で，速度成分が u だけの場合を一次元流れ (one-dimensional flow) と呼ぶ．なお，流れの方向を表す流線を曲線座標 s とし，流れの状態が 1 つの代表流線 s だけの関数で表される場合も一次元流れとみなせる．

演習問題

1.1 1 atm, 20°C の酸素 O_2, 窒素 N_2, 二酸化炭素 CO_2 の密度を求めよ．

1.2 圧力 200 kPa, 温度 25°C の空気が満たされている自動車タイヤに空気を補充し，圧力を 300 kPa に高めたところ，温度が 30°C となった．このとき補充された空気の質量を求めよ．また，このタイヤの空気温度が 0°C になったとき空気圧はいくらになるか．ただし，タイヤの容積は 0.15 m³ で不変とする．

1.3 1 atm, 20°C の状態における空気中と水中の音速を求めよ．

1.4 内径 $d = 10$ mm, 高さ $h = 50$ mm のシリンダに油を入れ，ピストンに $F = 500$ 重量キログラム (4.1 節参照) の力をかけたところ，h が 2 mm 変位した．この油の圧縮率 β, 体積弾性係数 K を求めよ (図 1.9)．

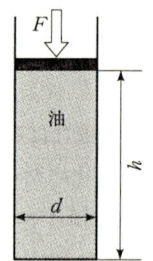

図 1.9 ピストンによる油の圧縮

1.5 狭いすきまを隔てて置かれた 3 枚の平行な板①, ②, ③ の間に流体 A, B が満たされている．板① を U_1 の速度で右に動かすとき，板② を静止させるためには，板③ をどのように動かせばよいか．ただし，①-②, ②-③ の間隔をそれぞれ Y_1, Y_2, 流体 A, B の粘度をそれぞれ μ_A, μ_B とする (図 1.10)．

演 習 問 題

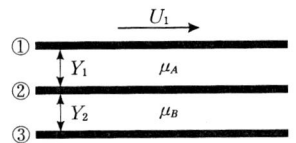

図 1.10 3枚の平板間のせん断流れ

1.6 直径 $d=50\,\mathrm{mm}$ のシャフトが，幅 $b=100\,\mathrm{mm}$ のジャーナル軸受中で毎分 $n=1000\,\mathrm{rpm}$ で回転している．すきまを $t=0.1\,\mathrm{mm}$，油の粘度を $\mu=5\,\mathrm{mPa\cdot s}$ とするとき，油膜のせん断応力 τ，軸の摩擦トルク T を求めよ（図1.11）．

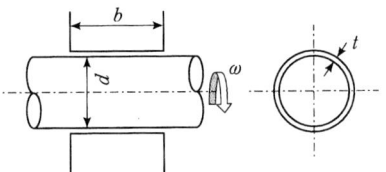

図 1.11 ジャーナル軸受の摩擦

Tea Time

「流体は難しい」と，合い言葉のように学生がいう．流体工学，流体力学のことをさしているのであろう．1つには，空気や水は見えないのでとらえにくい，連続体であるので質点やボールの力学と違って考えにくい，偏微分方程式がやたらとでてくるなどがその理由であるようだ．たしかに私も学生のときそう思った．しかし，質量をもった各部分が連続体として運動していると考え，それを支配しているのは，高校で勉強したニュートンの運動法則にほかならないのであるから，そんなに難しく考えることはない．偏微分方程式にしても，これは物理法則を微分係数を使って書き表す言葉にすぎないので，微分の概念がしっかり理解できていればすんなり受け入れられるのである．要は力学と数学が基礎になるということである．

なぜ流体の勉強が必要かというと，これがエネルギーを輸送する媒体として非常に重要であるからである．エネルギーの大きな柱である電力供給を考えると，天然資源(石油や原子力)⇒熱エネルギー⇒水⇒蒸気⇒蒸気タービン⇒発電機⇒電力，のように途中で水，蒸気が介在している．自動車エンジンにしても空気が燃料により加熱され，圧力が動力に変換される．その他，水力発電，航空エンジンすべてしかり．さらに地球環境の問題も，大気と海洋が太陽エネルギーを受けいかに循環するかに大きくかかわっている．

このように重要な流体の学問，けぎらいせずにぜひ取り組んでもらいたい．必ず興味がわきます．そのとき大切なことは，力学的視点をつねに忘れずに！

2. 流体の静力学

　静止している物体にたとえ力が作用していても，その力が作用・反作用により釣り合っている場合には物体は静止状態を保つ(ニュートンの運動の第三法則)．その釣り合いが崩れると，「質量×加速度=力」のニュートンの運動の第二法則に従い動き出す．しかし，流体(気体や液体の総称)の場合，固体とは違って1点に力が作用しても，分子間結合が弱いため形を変えるだけで動きは生じず，流体を動かすには面や体積全体について考えねばならない．流体(流れ)の面に作用する力を表面力(surface force)といい，体積に作用する力を体積力(body force)と呼ぶ．表面力には圧力(pressure)とせん断応力(shear stress)があり，体積力には重力や遠心力，あるいは電磁力，電気力などがある．表面力の1つであるせん断応力は流れの速度勾配に依存することから，この章で取り扱う静止流体では働かない．したがって，この章では，面に垂直な応力として作用する圧力と体積力の釣り合いについて述べる．しかし，流体の運動，すなわち流れを取り扱うときには，圧力，体積力のほかにせん断応力そして流れを表す「質量×加速度=力」について考える必要があることを忘れてはならない．

2.1　圧力の定義と等方性

　静止流体内に面積 $\mathit{\Delta} A$ の仮想の微小平面を考え，この面に垂直に両側から力 $\mathit{\Delta} F$ が作用しているとき，面に垂直に作用する力の単位面積当たりの大きさを求めて $\mathit{\Delta} A$ をゼロに近づけた極限での値として，1点における圧力が次式のように定義される．

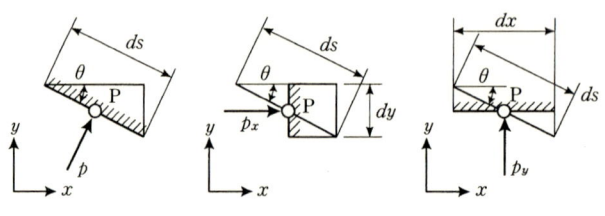

図 2.1 圧力の等方性

$$p = \lim_{\Delta A \to 0} (\Delta F / \Delta A) \tag{2.1}$$

したがって任意の平面 A を考えて，圧力によりその面に垂直に作用する力 F（これを全圧力と呼ぶ）は次のようになる．

$$F = \int_A p \, dA \tag{2.2}$$

次に，静止流体内の1点 P を考え，点 P には，図2.1のように，点 P を通り x 軸から θ だけ傾いた微小長さ ds の面には垂直に圧力 p が，また，点 P を通り x 軸と y 軸に平行な微小長さ $dx = ds\cos\theta$, $dy = ds\sin\theta$ の各面には圧力 p_y, p_x が作用しているものとする．流体は静止しているから，点 P を通る面に作用する力の x 方向と y 方向成分は次のように表せる．

$$(p\cos\theta)ds = p(ds\cos\theta) = p\,dx = p_y\,dx$$
$$(p\sin\theta)ds = p(ds\sin\theta) = p\,dy = p_x\,dy$$

すなわち $p = p_y = p_x$ となり，静止流体中で圧力は等方性をもち，すべての方向に等しい．この圧力の等方性から，密閉した容器中に静止した流体の一部に加えた圧力は容器内流体のすべての部分にそのまま伝わることが知られる．これをパスカル (Pascal) の原理という．

2.2 圧力と体積力との釣り合い

静止流体中において点 $P(x, y, z)$ を重心にもち，辺長がそれぞれ dx, dy, dz の微小直方体（図2.2）を考える．点 P での圧力を p として，辺々が微小であるので圧力変化を線形近似すれば，$dy \times dz$ の面積をもつ点 A と B での圧力はそれぞれ次のように表せる．

$$\text{A} : p - \frac{\partial p}{\partial x}\frac{dx}{2}, \quad \text{B} : p + \frac{\partial p}{\partial x}\frac{dx}{2}$$

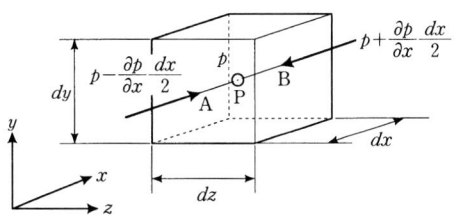

図 2.2 静止流体中の微小直方体に作用する力

点Pに作用する単位質量当たりの体積力を $\boldsymbol{F}(X, Y, Z)$ で表し，x 方向の釣り合い式を求めれば，次式となる．

$$\left(p-\frac{\partial p}{\partial x}\frac{dx}{2}\right)dydz - \left(p+\frac{\partial p}{\partial x}\frac{dx}{2}\right)dydz + X(\rho dxdydz) = 0$$

ここで ρ は流体の密度である．この式と同様に，y 方向と z 方向の力の釣り合い式を求めて整理して書き直すと，次式が得られる．

$$\frac{1}{\rho}\frac{\partial p}{\partial x}=X, \quad \frac{1}{\rho}\frac{\partial p}{\partial y}=Y, \quad \frac{1}{\rho}\frac{\partial p}{\partial z}=Z \tag{2.3}$$

この式は，その方向の体積力と圧力勾配が釣り合うことを意味している．

圧力の微小変化 dp は $p=p(x,y,z)$ の微分により次のように書けるので，

$$dp = \frac{\partial p}{\partial x}dx + \frac{\partial p}{\partial y}dy + \frac{\partial p}{\partial z}dz$$

式 (2.3) をこれに代入すると，圧力変化と体積力との関係式 (2.4) を得る．

$$dp = \rho(Xdx + Ydy + Zdz) \tag{2.4}$$

したがって，静止流体中の点 1 (x_1, y_1, z_1) と点 2 (x_2, y_2, z_2) との圧力差は式 (2.4) を積分することにより求まる（密度の変化は積分時に考慮）．

$$p_2 - p_1 = \int_1^2 dp = \int_{x_1}^{x_2}\rho X dx + \int_{y_1}^{y_2}\rho Y dy + \int_{z_1}^{z_2}\rho Z dz \tag{2.5}$$

また，大気に接した液面などの等圧力面を表す式は，式 (2.5) において左辺 = 0 ($p_1 = p_2$) と置くことにより得られる．

2.3 重力場における圧力

地球上において圧力と密接に関係する体積力として重力 (gravity) がある．ここではまず，重力と圧力の関係について考えていく．

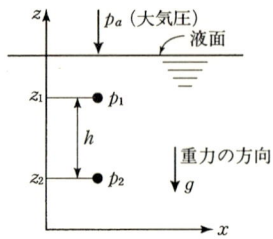

図 2.3 重力場における圧力

a. 圧力と高さ

図 2.3 に示すように高さ方向に z 軸をとり，負の方向に重力が作用しているとき，式 (2.5) において体積力は $X=Y=0, Z=-g$ となる．したがって密度 $\rho=$ 一定のもとでは，

$$p_2 = p_1 - \int_{z_1}^{z_2} \rho g dz = p_1 + \rho g(z_1-z_2) = p_1 + \rho g h \tag{2.6}$$

ここで g は重力加速度 (acceleration of gravity)，h は点 1 と 2 の高さの差である．

ここで圧力の単位について考えよう．圧力は，式 (2.6) からわかるように，流体の密度 $\rho[\mathrm{kg/m^3}]$ と重力加速度 $g[\mathrm{m/s^2}]$ と高さ [m] の積 $[(\mathrm{kgm/s^2})/\mathrm{m^2}=\mathrm{N/m^2}=\mathrm{Pa}]$ で表され，SI 単位ではパスカル (Pa) が用いられる．また，流体の比重量 (specific weight，密度と重力加速度の積) で割った値 $p/(\rho g)$ で圧力を表すことも多い．これを水頭またはヘッド (head) と呼ぶ．大気圧 (atmospheric pressure) を例にとって示せば (大気圧は日々変化するが，ここでは気象学上の標準気圧を用いる)，

    1 気圧 (atm) = 101325 Pa
               = 760 mmHg　　($\rho_{\mathrm{Hg}}=13.5951\times10^3\,\mathrm{kg/m^3}$,　$g=9.80665\,\mathrm{m/s^2}$)
               = 10.33 mAq　　($\rho_{\mathrm{H_2O}}=999.84\,\mathrm{kg/m^3}$,　$g=9.80665\,\mathrm{m/s^2}$)

となる．ここで mmHg は気圧を水銀 (Hg) の高さを mm 単位で表示したもので，一方を閉じたガラス管に水銀を満たして水銀で満たされた容器中に逆さまに立てたときに図 2.4 のように管内の水銀は上部に真空部分 (実際は水銀の分圧分が残る) を残して得られる水銀柱の高さとして大気圧が知られる (トリチェリー (Torricelli) の実験)．また mAq は水の高さとして表示したもので，この値から

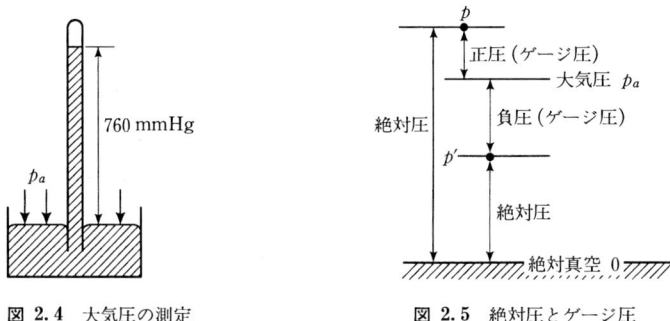

図 2.4 大気圧の測定　　図 2.5 絶対圧とゲージ圧

大気圧中で水を吸い上げるとき，10 m 以上は吸い上げられないことを示している．1 気圧を空気 ($\rho_{air}=1.293$ kg/m³, $g=9.80665$ m/s²) を用いてヘッドを計算すれば，7.99 km の数値が得られ，地球を囲む大気の厚さを知ることができる（実際には空気密度が高度によって変化することを考慮しなくてはならない）．なお，圧力をヘッド（水頭）の単位で表したとき，流体の比重量に何を用いたかについては注意を払う必要がある．

圧力の表示には，計器の構造上，大気圧を基準にする方法と絶対真空を基準にする方法の 2 通りがある．前者をゲージ圧 (gauge pressure) といい，後者を絶対圧 (absolute pressure) という．図 2.5 は両者の関係（ゲージ圧＝絶対圧－大気圧）を示し，ゲージ圧表示の場合，大気圧以下を負圧，以上を正圧値として表す．

なお，圧力測定については第 7 章「流体計測」の 7.1 節に記載しているので参照されたい．

〔**例題 2.1（液柱計 I）**〕 U 字形のガラス管などに液を入れ，両端の圧力を液柱差から求める計器を液柱計（マノメータ manometer）という．水（密度 ρ_w）が入った 2 つの密閉タンク A と B がある（図 2.6）．一方のタンク A の側壁に液柱計を取り付けたところ，液柱計内は水で満たされ，水面高さの差 H を得た．タンク A 内水面圧力 p_A をゲージ圧で求めよ．次いで，タンク A と B の間を異種液体（密度 ρ_1 と ρ_2）が層状に入った液柱計を介して接続したところ，液柱計内の液面差が h_1, h_2 となった．タンク A と B の水位差が h であるとき，タンク B 内水面圧力 p_B（ゲージ圧）を求めよ．ただし重力加速度を g，また，それぞれの液体の密度は一定とする．

〔**解**〕 タンク A 内水面高さを基準にとれば，液柱計の一方の基準高さには圧力 p_A がかかり，他方の液面には大気圧がかかっている．したがって基準高さでの圧力の釣り合

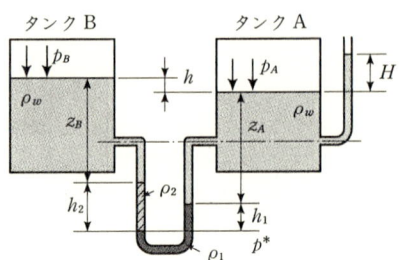

図 2.6 液柱計と U 字管マノメータ

いから

$$p_A(ゲージ圧)=\rho_w gH$$

一方，タンク内水面からマノメータの液面までの高さをそれぞれ z_A, z_B とし，マノメータ内異種液体界面を基準にとれば，タンク A 側の基準面には

$$p^*=p_A+\rho_w gz_A+\rho_1 gh_1$$

の圧力がかかっており，タンク B 側の基準面には

$$p^*=p_B+\rho_w gz_B+\rho_2 gh_2$$

の圧力がかかっている．両者は等しいので，

$$p_B=p_A+\rho_w g(z_A-z_B)+g(\rho_1 h_1-\rho_2 h_2)$$

ここで $h+z_A+h_1=z_B+h_2$ であることから，

$$p_B(ゲージ圧)=\rho_w gH+\rho_w g(h_2-h_1-h)+g(\rho_1 h_1-\rho_2 h_2)$$

〔例題 2.2（液柱計Ⅱ）〕 水（密度 ρ_w）が入った 2 つの密閉タンクがある．図 2.7 のように，水の上部には空気（密度 ρ_G）が入っており，空気部の圧力差を計測するために同じ高さから圧力を取り出し，水（密度 ρ_w）が入った U 字管マノメータに導いたところ液面高さの差が h_1 となった．また，タンクの底からも圧力を取り出し，もう 1 つの油（密度 ρ_o）が入った逆 U 字管マノメータに導いたところ液面差が h_2 となった．タンク内水面高さの差 $\varDelta z$ と水面位置でのタンク内圧力差 $\varDelta p$ を求めよ．ただし重力加速度を g，また，それぞれの液体の密度は一定とする．

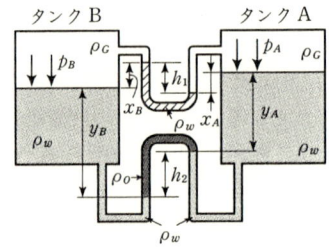

図 2.7 U 字管マノメータ

〔解〕 タンク内水面を押す圧力を p_A, p_B, タンク内水面とU字管マノメータ内液面との高さをそれぞれ x_A, x_B と y_A, y_B とし, U字管マノメータの低位側の液面を基準面にとれば, そこでの圧力の平衡から,

$$p_A + \rho_G g x_A = p_B + \rho_G g x_B + \rho_w g h_1$$

また逆U字管マノメータの高位側の液面を基準面として圧力平衡を考えると,

$$p_A + \rho_w g y_A = p_B + \rho_w g y_B - \rho_o g h_2$$

ここで $x_A - \Delta z = h_1 - x_B$, $y_A - \Delta z + h_2 = y_B$ であるから,

$$p_A - p_B = -\rho_G g(\Delta z + h_1) + \rho_w g h_1 = \rho_w g(h_2 - \Delta z) - \rho_o g h_2$$

したがって,

$$\Delta z = [(\rho_w - \rho_o)h_2 - (\rho_w - \rho_G)h_1]/(\rho_w - \rho_G)$$

$$\Delta p = p_A - p_B = \rho_w g h_1 - \frac{(\rho_w - \rho_o)}{(\rho_w - \rho_G)}\rho_G g h_2$$

〔例題 2.3 (表面張力と毛管現象)〕 一端が大気に開放された内径 d の細管の他端を液体中に挿入して鉛直に立てると, 管内の液柱は, 毛管現象 (capillarity) により, 管まわりの液面より上昇または下降する. このときの液面形状をメニスカスという. 図2.8において液体の密度を ρ, 表面張力を σ, 固体壁との接触角を θ として上昇する高さ h を求めよ. ただし重力加速度を g とする.

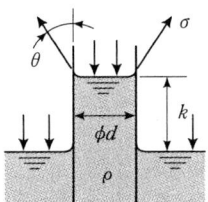

図 2.8 毛管現象と液面メニスカス

〔解〕 表面張力によって上方 (または下方) に引っ張られる力と高さ h の液柱に作用する重力が釣り合う.

$$\pi d \sigma \cos \theta = \pi d^2 \rho g h / 4$$

したがって

$$h = 4\sigma \cos \theta / (\rho g d)$$

b. 壁に働く静止流体力

流体と接する固体壁面は一般に流体から圧力とせん断応力による力を受ける. しかし流体が静止しているときは圧力しか働かないから, 壁面 S が受ける流体力 (全圧力) F は次式で与えられる.

$$F = \int_S p\mathbf{n} dS \tag{2.7}$$

ただし $\mathbf{n}$ は固体壁の面素 dS の壁の内部へ向かう法線方向の単位ベクトルである．

いま，図2.9のように堤防（またはダム）に水位 H の水がためられているとしよう．高さ z の位置（深さ $H-z$）の壁には，圧力 $p = p_a + \rho g(H-z)$ が壁に垂直に作用している．ここで p_a は大気圧，ρ は水の密度，g は重力加速度である．堤防にかかる x および z 方向の流体力 F_x, F_z は式(2.7)より

$$\left. \begin{array}{l} F_x = \int_0^H p\cos\alpha dS = \int_0^H pBdz \\ F_z = -\int_0^L p\sin\alpha dS = -\int_0^L pBdx \end{array} \right\} \tag{2.8}$$

ここで B は y（紙面に垂直）方向の堤防長で，$dS\cos\alpha = Bdz$, $dS\sin\alpha = Bdx$，また L は x 方向の堤防幅である．式(2.8)から，全圧力の分力はその作用方向に垂直な面の投影面積と圧力の積を積分することによって得られることがわかる．さらに座標軸原点まわりのモーメント（時計回りを正）は，

$$M = M_x - M_z = \int_0^H (p\cos\alpha)zdS + \int_0^L (p\sin\alpha)xdS \tag{2.9}$$

となり，流体力の作用点として定義される圧力中心 (center of pressure) は次式により求まる．

$$x_c = M_z/F_z, \qquad z_c = M_x/F_x \tag{2.10}$$

なお，堤防全体にかかる力とモーメントを考えるとき，壁の裏側にも大気圧が働いているから，水深による圧力のみを考えればよい．

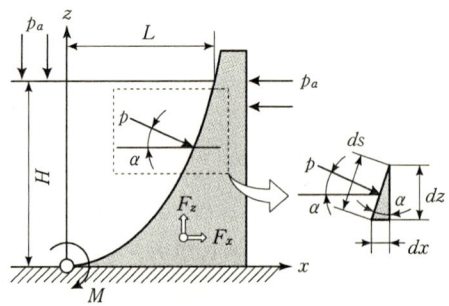

図 2.9 流体力により壁にかかる力とモーメント

〔**例題 2.4（壁にかかる全圧力とモーメント）**〕 図 2.9 に示す堤防において，水側の壁が $z=(H/L^2)x^2$ の放物線で表されるとき，x および z 方向の流体力 F_x, F_z，圧力中心 (x_c, z_c) を求めよ．ただし水の密度を ρ，重力加速度を g とする．

〔**解**〕 圧力 $p=\rho g(h-z)$ を式 (2.8) に代入して

$$F_x = \int_0^H \rho g(H-z)Bdz = \rho g B H^2/2$$

$$F_z = -\int_0^L \rho g(H-z)Bdx = -\int_0^L \rho g\left(H-\frac{H}{L^2}x^2\right)Bdx = -\frac{2}{3}\rho g BHL$$

$$M_x = \int_0^H \rho g(H-z)zdz = \frac{\rho g BH^3}{6}$$

$$M_z = -\int_0^L \rho g\left(H-\frac{H}{L^2}x^2\right)Bxdx = -\frac{\rho g BL^2 H}{4}$$

$$x_c = M_z/F_z = 3L/8, \quad z_c = M_x/F_x = H/3$$

〔**例題 2.5（パスカルの原理）**〕 底面積 A が同じで側壁の形状が図 2.10 のように異なる 3 つの容器がある．これに密度 ρ の液体を同じ深さ h だけ入れたときの容器底面にかかる力（全圧力）F を求めよ．ただし重力加速度を g とする．

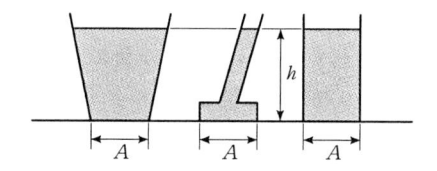

図 2.10 パスカルの原理

〔**解**〕 考えている面に働く全圧力は圧力×面積である．したがって，底面の圧力と全圧力は上方にある液体の量にかかわらず，どの容器も $F=\rho g h A$ と等しくなる．

〔**例題 2.6（球形ガスタンクに作用する力）**〕 図 2.11 に示す半径 R の球形ガスタンクの中に圧力 p（ゲージ圧）の高圧ガスが入っている．高圧ガスによって球殻に働く張力 F を求めよ．ただしタンク内圧が高圧であり重力の影響は無視せよ．

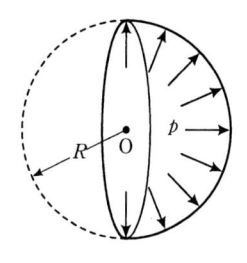

図 2.11 球形ガスタンクの球殻に働く張力

〔解〕 重力の影響を無視しているので球殻の内表面に働く圧力は高さによらず一定である．球の中心を通る断面形状は円となるので，球内面の投影面積は πR^2 となる．したがって，$F = p\pi R^2$

c. 浮　力

密度 ρ の流体中に密度 ρ_s の物質からなる体積 V の物体がある（図 2.12）．この物体に作用する流体力を考えよう．物体を貫く微小円筒において，その上面と下面には深さの差 $(z_l - z_u)$ だけ圧力が異なるので，鉛直に垂直な方向に投影面積 dA をもつ微小円筒部の物体には $\rho g(z_l - z_u)dA$ の上向きの力が作用する．したがって物体は，

$$B = \int_A \rho g(z_l - z_u)dA = \rho g V \tag{2.11}$$

の鉛直上向きの力を受ける．この力を浮力 (buoyancy) という．

この物体は表面力としての浮力 B を鉛直上向きに受けるほか，体積力として重力 $W = \rho_s g V$ を鉛直下向きに受ける．したがって両者の差 $(W - B)$ の正負に応じて物体は沈降または浮上する．$(W - B)$ が負のとき物体は浮上し，物体まわりの流体が自由表面をもつ液体では図 2.13 のように物体の一部が液面から露出し，物体による液中の排除体積 V' に対して $W - B = \rho_s g V - \rho g V' = 0$ となったところで静止する．

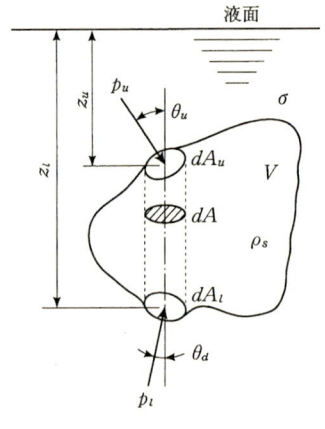

図 2.12　物体表面に作用する圧力

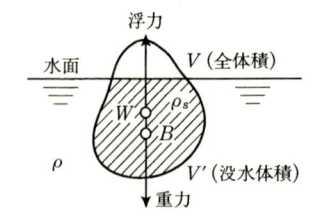

図 2.13　液面に浮かんだ物体

2.4 相対的に静止状態にある流体

静止座標系からみれば，流体が運動している場合でも流体粒子間に相対的な位置移動がなく剛体とみなしうる運動をしているとき，流体にせん断応力は作用せず，圧力のみが作用する．このような流体の剛体運動について考えよう．

a. 等加速度直線運動

傾斜角 θ の斜面に沿って一定加速度 α で直線運動している容器内の液体について考える（図2.14）．容器内の液体には鉛直下向きに重力（重力加速度 g）を受け，容器の加速度方向とは逆向きに「質量×加速度＝力」に従って力（これを慣性力という）を受ける．

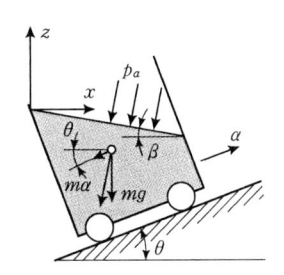

図 2.14 等加速度直線運動

したがって，容器に固定して置いた x-z 座標系において，液体に作用する単位質量当たりの体積力は次のように表される．

$$X = -\alpha \cos \theta, \quad Z = -(\alpha \sin \theta + g) \tag{2.12}$$

したがって，これを式(2.4)に代入すれば，

$$dp = \rho(Xdx + Zdz) = -\rho\alpha \cos\theta dx - \rho(\alpha \sin\theta + g)dz \tag{2.13}$$

となる．液面は $dp=0$ の等圧面であるので，液面は

$$\left.\frac{dz}{dx}\right|_{surface} = -\frac{\alpha \cos\theta}{g + \alpha \sin\theta} = -\tan\beta \tag{2.14}$$

だけ傾斜した平面として現れる．

液中の任意の点 (x, z) の圧力は大気圧を p_a として，次のように与えられる．

$$p = p_a - \rho x \alpha \cos\theta + \rho z(\alpha \sin\theta + g) \tag{2.15}$$

b. 等角速度回転運動

鉛直軸のまわりに一定角速度 ω で回転している容器内の液体が，定常的に容器と同じ角速度で回転している場合を考える (図 2.15)．回転軸を z 軸とし，流体とともに角速度 ω で回転している相対座標系に対して流体には慣性力として半径方向に遠心力が作用し，鉛直下向きに重力が働く．したがって，単位質量当たりの体積力は，

$$X = x\omega^2, \qquad Y = y\omega^2, \qquad Z = -g \tag{2.16}$$

であり，これを式 (2.4) に代入すれば，

$$dp = \rho(Xdx + Ydy + Zdz) = \rho x\omega^2 dx + \rho y\omega^2 dy - \rho g dz \tag{2.17a}$$

となる．これを半径座標を r とする円筒座標系で書き直すと，

$$dp = \rho(Rdr + Zdz) = \rho r\omega^2 dr - \rho g dz \tag{2.17b}$$

したがって，等圧面 ($dp=0$) は，

$$\left.\frac{dz}{dr}\right|_{p=const} = \frac{r\omega^2}{g}$$

回転軸上の液面の z 座標を z_1 とすれば液面形状は次式により表される．

$$z = z_1 + \frac{r^2\omega^2}{2g} \tag{2.18}$$

$\omega = 0$ の静止状態での液面座標を z_0 とすれば容器内の液体の体積保存式

$$\pi R^2 z_0 = \int_0^R z 2\pi r dr \quad \text{より}, \quad z_0 = (z_1 + z_2)/2 \quad \text{となる．}$$

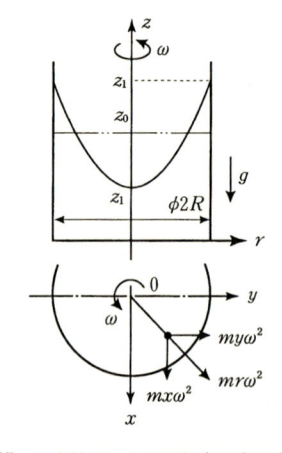

図 2.15 鉛直軸まわりで回転する容器内の液体

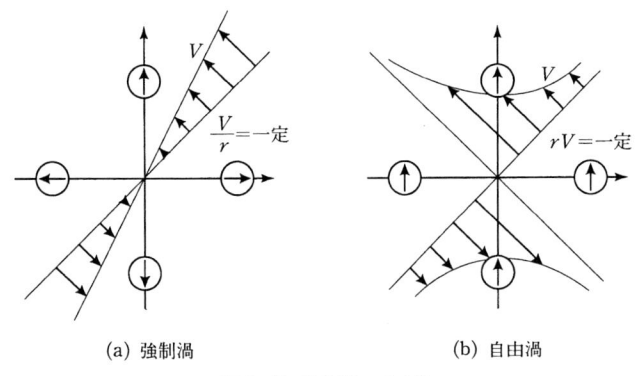

2.4 相対的に静止状態にある流体

図 2.16 強制渦と自由渦

(a) 強制渦　(b) 自由渦

ここで R は容器の内縁半径，z_2 は回転時の容器内縁での液面高さである．

液体内部の圧力 p は式 (2.17b) を積分することにより，次のように求まる．

$$p = p_a + \rho \frac{r^2 \omega^2}{2} + \rho g(z_1 - z) \tag{2.19}$$

ここで p_a は液面上の圧力（大気圧）である．

回転容器内の流体のように，あたかも剛体のように軸のまわりを旋回する流体の運動を剛体渦 (solid vortex) または強制渦 (forced vortex) という．このとき流体は $V = r\omega$ の周方向速度をもち，半径とともに増加する．一方，軸まわりを旋回する流体の運動でも，周方向速度が $V = K/r$ (K =一定) となる渦を自由渦 (free vortex) という．強制渦と自由渦の流体の動きの違いを図 2.16 に示しておく．

〔**例題 2.7（密閉容器内の旋回運動）**〕密度 ρ の液体を充満させた円筒状の密閉容器の軸を水平にして，その軸を中心に一定角速度 ω で回転させたとき（図 2.17）．回転軸に垂直な断面上において，最低圧力はどこに現れるか．また，等圧線はどのような形となるか．ただし重力加速度を g とする．

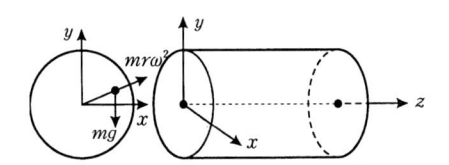

図 2.17 水平軸まわりで回転する密閉容器

〔解〕 単位質量当たりの流体に作用する体積力は図 2.17 に示す座標に対して, 次のようになる.

$$X=\frac{1}{\rho}\frac{\partial p}{\partial x}=x\omega^2, \qquad Y=\frac{1}{\rho}\frac{\partial p}{\partial y}=y\omega^2-g$$

最低圧力は $\partial p/\partial x=0$, $\partial p/\partial y=0$ となる点に現れるので,

$$x=0, \qquad y=g/\omega^2$$

となる. さらに等圧線は

$$dp=\rho(Xdx+Ydy)=\rho x\omega^2 dx+\rho(y\omega^2-g)dy=0$$

より,

$$x^2+\left(y-\frac{g}{\omega^2}\right)^2=C$$

となり, 最低圧力点を中心として同心円を描くことが知られる.

演習問題

2.1 両端が大気に開放された U 字管マノメータに, 密度が異なる 2 つの液体を入れ, 図 2.18 のように, C 軸を中心に一定角速度 ω で回転させたところ, 両端の液面高さが同じとなった. 回転軸を止めたときの液面高さの差 x を求めよ (低密度の液柱長さ h は未知量とする). ただし低密度の液体が入った管の回転半径を r, 他方の半径を $2r$ とし, 重力加速度を g とする.

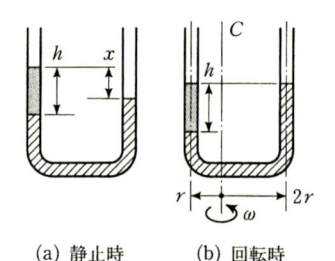

(a) 静止時 (b) 回転時

図 2.18 異種液体が入った U 字管マノメータの回転

2.2 異なる断面積 A と a の開放端をもつ容器に密度 ρ の液体を入れ, 一方の水面上に底面積 A で質量 M の物体を載せ, 他方に底面積 a で質量が m_1 の物体を載せたところ, 物体を載せた両水面の高さは z_0 で等しくなった (図 2.19(a)). このときの質量 m_1 がわかっていないものとして, (1) m_1 を求める式を示せ. 次に質量 m_1 に代えて $m_2(>m_1)$ の物体を載せたところ, 水面が移動して, 水面高さがそれぞれ z_1, z_2 となった (図 2.19(b)). (2) それぞれの水面の移動量 (z_1-z_0), (z_0-z_2) を表す式を示

せ．ただし物体と容器とのすきまからの漏れおよび摩擦はなく，重力加速度を g とする．

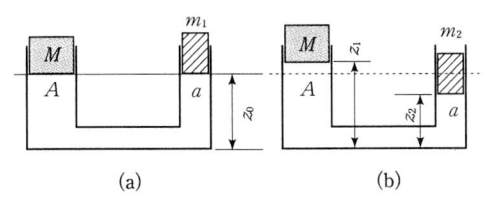

図 2.19 水圧機

2.3 密度 ρ の液体を仕切る直立した幅 W の長方形のゲートがある (図 2.20)．ゲートの片面側の水深が H_A，他方の面が H_B であるとき，このゲートのそれぞれの面に作用する液体の全圧力 P_A と P_B を求めよ．また両面の液体による合成力の作用点 y（底面からの距離）を求める式を示せ．

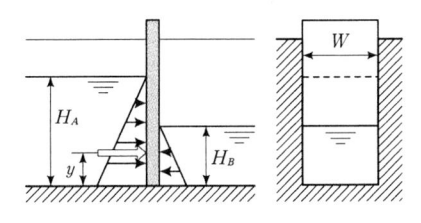

図 2.20 ゲートにかかる力

2.4 図 2.21 のように，外径 R，内径 r の肉厚の円筒容器を逆さまにして密度 ρ の液体に浮かべたところ，入口面が水面から深さ H の位置で静止し，容器内の液体は外側の液面より h だけ下がった．表面張力と気体の密度は無視できるものとし，重力加速度を g として，次の問いに答えよ．
(1) 容器内の気体のゲージ圧を示せ．
(2) 容器の質量を求める式を示せ．

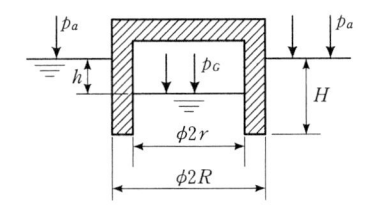

図 2.21 浮体に働く圧力

Tea Time

流体の静力学について学んできた諸君に圧力に関するパズルを2題出そう．納得できる答えを導いて下さい．

[Q 1] パイプの一端を浴槽の水中に突っ込み，パイプ内の空気を，他端から口で吸って水面を上昇させる．そしてパイプ内の水面がある高さまで来たときにパイプの他端を閉じて浴槽の縁にぶら下げる．このとき，パイプ内の水面が浴槽内の水面より低い位置に来たとき，パイプ内の水は流れ，浴槽の水を排出することができる．このようにパイプの途中が水面より高くても出口が低ければ水を排出することができ，これをサイフォンの原理（図2.22）という．さて，この原理を説明できるかな．では，これを大規模にして，山上の池にある水を水面から30 m高い山頂を越えてパイプを渡し，山のふもとにある村まで水を引くことができるであろうか．

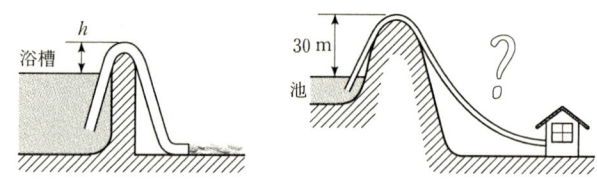

図 2.22 サイフォンの原理

[Q 2] 底面積は等しいものの，底が抜けた2つの容器IとII（その重さは等しく，いずれも1 kgとする）とその容器の底の代わりとなる受け皿をもつ台秤を用意した．その受け皿は容器内にすっぽり入り，容器の内壁とは固定されておらず，移動可能である．さて，IとIIの容器に台秤をセットし（図2.23），いずれも同じ高さまで水を入れたところ，円筒形の容器Iには重さ1 kgの水が，容器Bには0.5 kgの水が入った．いずれの場合も容器の重さと容器にかかる力は上部より支えるとしたとき，台秤の目盛りはいくつをさすか．ただし台秤の受け皿と容器内壁とのすきまからの水の漏れはなく，力も働かないものとする．

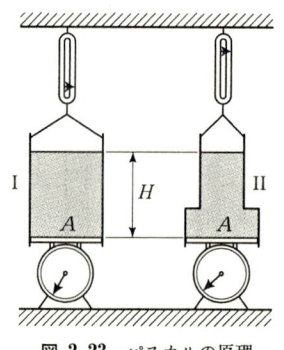

図 2.23 パスカルの原理

3. 流れの力学

　流体に関連したさまざまな物理的諸現象を工学的に解明し，技術的問題への応用を考えるとき，流体中の各点における瞬時の流れ状態を把握することが必要となる．

　運動している流体の流れ状態を定量的に表す物理量には，運動学的状態量である流れの速度 V (x, y, z 方向の速度成分 u, v, w) のほか，圧力 p，密度 ρ，温度 T，内部エネルギー e，エンタルピー i，エントロピー s などの熱力学的状態量があるが，熱力学的状態量についてはどれか 2 つの量が定まれば他の量は決まるから，結局，ベクトル量である V を定める 3 成分 (u, v, w) と 2 個の熱力学的状態量の合計 5 個の物理量を決めれば，流れ状態を得ることができる．したがって，流れを数式的に解明するには 5 個の未知数に対応する 5 個の支配物理法則が必要となり，①質量保存則，②ニュートンの運動の第二法則である力の釣り合いを式に表したベクトル量である運動量の 3 軸方向成分の保存則，および③エネルギー保存則を記述した 5 つの式を連立して解くことになる．

　流れを支配する物理法則を式として表すのに 2 通りの方法が考えられる．その第一の方法として，質点力学における質点の運動を記述するのと同様に，流体中の個々の流体粒子 (連続体近似のもとで仮想的に考えた流体の塊をいう；第 1 章参照) についてその運動を時間的に追跡して，その位置と状態の変化を調べていこうとする方法がある．これをラグランジュの方法 (Lagragian method) という．この方法では，流体粒子の初期座標 (x_0, y_0, z_0) と追跡開始後の経過時間 t が独立変数としてとられ，求める状態量はそれらの関数として表される．したがって一見わかりやすいようにみえるが，実際に式を解くための数学的手法はきわめ

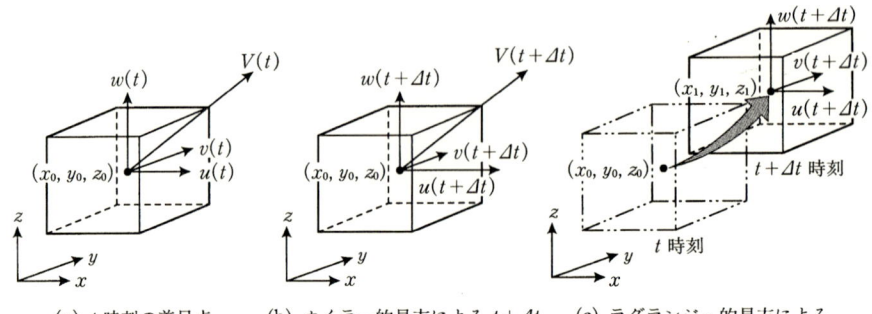

(a) t 時刻の着目点　　(b) オイラー的見方による $t+\Delta t$ 時刻の着目点　　(c) ラグランジュ的見方による $t+\Delta t$ 時刻の着目点

図 3.1　流れのラグランジュ的見方とオイラー的見方

て面倒になる．しかも多くの場合，知りたいことは個々の流体粒子の過去における状態量の経緯ではなく，各瞬間における各点での状態量の分布状態である．そこで第二の方法として，流体中の個々の点において流れ状態が時間とともにいかなる変化を示すかを調べていこうとする方法がある．これをオイラーの方法 (Eulerian method) という．この方法では，着目点の座標 (x, y, z) と着目開始からの経過時間 t が独立変数としてとられ，求める状態量はすべてこれらの関数として表される．流れ計算の多くは，この方法が用いられている．

この章では，流体の運動を微分方程式で表すことを極力避け，まず，流れを空間的に広くとらえ，しかもオイラーの方法的にみた場合の物理法則①〜③がどのようなかたちとなるかについて，これまで質点力学で学んできたラグランジュの方法的見方から説明する．そののち，オイラーの方法により巨視的に流れをとらえる応用例を示す (図 3.1)．

3.1　流れの一次元近似

自然界に存在する流れは，一般に x, y, z 方向の速度成分 u, v, w をもつ三次元流れ (three-dimensional flow) である．しかし，流れ現象を解明するうえで，つねに三次元流れとして空間的に解くことは，実用上，必ずしも得策でなく，対象とする流れをモデル化し，その本質をとらえることが工学の第一近似として重要なことである．そのモデルは簡単なものほどよく，平面内の流れとして x および y 方向に流速分布をもつ二次元流れ (two-dimensional flow) を考える場合，さらには x 方向のみに流速成分をもち，速度が x 方向だけに変化する一次

元流れ(one-dimensional flow)を考える場合がある．この章では，流れを表す式を，極力，積分形で示して巨視的に流れをとらえ，個々の問題については一次元流れとして議論していく．実際に管内での流れ方向の流速や圧力の変化を解析する際，たとえ断面上で速度分布をもつ流れでも，一次元流れと近似して論じても有用な知見が得られることが多い．また，ある時刻における各流体粒子の速度ベクトルの包絡線を流線(streamline)，その流線を境界壁として束ねた管を流管(stream tube)といい，流管内では一次元流れを近似して取り扱われる．

流れ状態が時間的に変化しない流れを定常流れ(steady flow)といい，微分方程式中では$\partial/\partial t$の項がゼロとなる．一方状態が時々刻々変化していく流れを非定常流れ(unsteady flow)という．しかし流れによっては，その流れをみる座標系(reference of frame)によって，すなわち静止系か相対系かによって，非定常流れも相対的には定常流れとして考えることができることは解析上便利である．

3.2 検 査 体 積

流体の運動を巨視的にみて物理法則を当てはめる場合，どの空間に着目して考えるかが重要となる．流れ場の中に概念的に置いた閉空間を検査体積(control volume)といい，検査体積の境界を検査面(control surface)という．検査体積は，その解析の容易さを考慮して，1)現象が定常であること，さらに2)流入・流出する検査面における流れ状態とすべての検査面に働く表面力が単純であることに配慮して，個々の問題に応じて設定されねばならない．

次節以降で質量・運動量・エネルギーの各保存則を導くにあたり，ここで，ラグランジュ的見方からつねに同じ流体粒子によって構成される検査体積(これを物質検査体積という)と座標系(空間)に固定して置いた検査体積(固定検査体積といい，オイラー的見方となる)との関係について述べておく．図3.2において，実線で示す閉領域Ⅰを考える．時刻tにおいてこの閉領域Ⅰ内にある流体粒子を1つの塊(質点)とみなし，その塊がΔt時間後の時刻$t+\Delta t$には形を変えて図の破線の領域Ⅱまで流下するものとする．この領域ⅠやⅡが物質検査体積であり，検査体積内の流体質量は時間によらず一定で検査面を通しての流体の出入りはないので，領域ⅠとⅡにおける流入・流出検査面はそれぞれ検査面での粒子速度とともに移動することになる．これをふまえて，流れの中に置いた任意の固定検査体積CVに対する物質検査体積を考えると，その流入・流出検査面での移

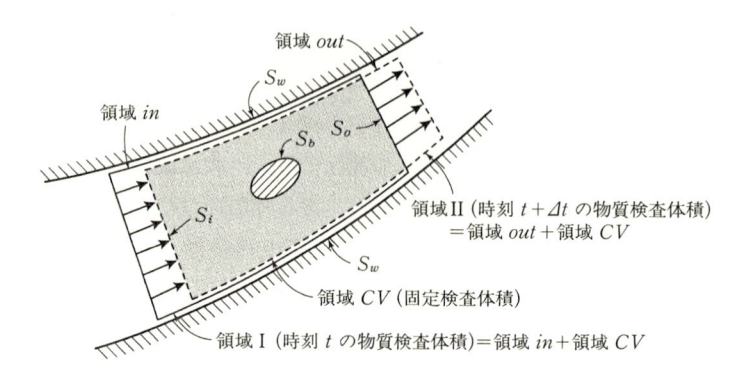

図 3.2 流れ場に設けた検査体積

動速度を考慮して各検査面を上流または下流に移動させることにより，領域Ⅰおよび Ⅱ の物質検査体積を知ることができる．したがって，領域Ⅰと Ⅱ が重なった領域（図の網点部）を固定検査体積 CV とみなすことができ，時刻 t での領域Ⅰは下添字 in と CV を付した領域から，時刻 $t+\Delta t$ での領域Ⅱは下添字 out と CV を付した領域から構成されていることになる．また，検査体積 CV における検査面 S_w は CV 内の流体とその表面の一部が接する固体面，S_b は CV 内の流体とその表面の全部が接する固体面，S_i は流体がそれを通過して CV 内に流入するすべての面，S_o は流体がそれを通過して CV 外へ流出するすべての面である．

3.3 質量保存則

図 3.2 において，時刻 t での領域Ⅰ内の質量 $m_I(t)=m_{in}(t)+m_{CV}(t)$ と，時刻 $t+\Delta t$ での領域Ⅱ内の質量 $m_{II}(t+\Delta t)=m_{CV}(t+\Delta t)+m_{out}(t+\Delta t)$ は等しく，さらに $m_{in}(t)$ および $m_{out}(t)$ は各検査面での移動速度により決まる空間質量であることから，次式が得られる．

$$m_{CV}(t+\Delta t)-m_{CV}(t)=m_{in}(t)-m_{out}(t+\Delta t)$$
$$=\left(\int_{S_i} \rho \boldsymbol{V}\cdot d\boldsymbol{A}-\int_{S_o} \rho \boldsymbol{V}\cdot d\boldsymbol{A}\right)\Delta t \tag{3.1}$$

被積分項中の・は内積を表し，$\boldsymbol{V}\cdot d\boldsymbol{A}$ は微小断面積とそれに垂直な速度成分との積である．さらに $\Delta t \to 0$ にすれば，次の質量の保存式 (conservation of mass) を得る．

3.3 質量保存則

$$\frac{\partial}{\partial t}\int_{CV}\rho dv = \int_{S_i}\rho \boldsymbol{V}\cdot d\boldsymbol{A} - \int_{S_o}\rho \boldsymbol{V}\cdot d\boldsymbol{A} \tag{3.2}$$

ここで dv は領域内の微小体積を示し，式 (3.2) は CV への流入・流出流量の差が CV 内での質量変化に等しいことを表している．定常状態では時間微分項がゼロであるので，質量流量 (mass flow rate) $\dot{m}$ として次式を得る．

$$\dot{m} = \int_{S_i}\rho \boldsymbol{V}\cdot d\boldsymbol{A} = \int_{S_o}\rho \boldsymbol{V}\cdot d\boldsymbol{A} \tag{3.3}$$

さらに非圧縮性流体では密度 $\rho=$ 一定であるので，体積流量 (volumetric flow rate) q として次式を得る．

$$q = \int_{S_i}\boldsymbol{V}\cdot d\boldsymbol{A} = \int_{S_o}\boldsymbol{V}\cdot d\boldsymbol{A} \tag{3.4}$$

質量保存則から導かれた式 (3.2)～(3.4) は，連続の式 (continuity equation) ともいわれる．

連続の式を一次元的にみれば，流入・流出断面の断面積とそれに垂直な速度成分の積が体積流量 ($q=V_s A$) に，それに密度をかけたものが質量流量 ($\dot{m} = \rho V_s A$) となる．

〔例題 3.1（質量流量保存則と体積流量保存則）〕 図 3.3 のように断面積が A_1 と A_2 の隣り合った平行な二次元ダクトから，それぞれ密度 ρ_1, ρ_2 の異なる非圧縮性流体が一様流速 V_1, V_2 で断面積 (A_1+A_2) のダクトに流出し，下流では均質に混合して密度 ρ，一様流速 V となった．流出断面での値を使って，ρ と V を求める式を示せ．

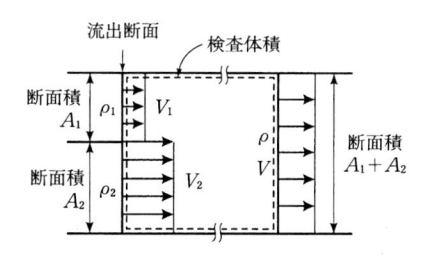

図 3.3 非圧縮性流体の均質混合

〔解〕 流入した質量流量の和は保存されて流出する．したがって式 (3.3) より，

$$\rho_1 V_1 A_1 + \rho_2 V_2 A_2 = \rho\cdot V\cdot(A_1+A_2) \tag{a}$$

一方，いずれの流体も非圧縮性流体であるので体積流量も保存されねばならない．したがって式 (3.4) より，

$$V_1 A_1 + V_2 A_2 = V\cdot(A_1+A_2) \tag{b}$$

式 (a) と (b) を整理して，ρ と V は次のように得られる．

$$V=(V_1A_1+V_2A_2)/(A_1+A_2) \tag{c}$$

$$\rho=(\rho_1V_1A_1+\rho_2V_2A_2)/(V_1A_1+V_2A_2) \tag{d}$$

3.4 運動量保存則

質点の運動を表す式としてニュートンの第二法則，すなわち質量×加速度＝質点に加わる力があり，また質量が変化する系では運動量 M（＝質量 m×速度 V）の時間変化がその系に作用する力 F と釣り合う式となることが知られている．

$$dM/dt=mdV/dt+Vdm/dt=F$$

これを図 3.3 に示した領域Ⅰ（時刻 t）から領域Ⅱ（時刻 $t+\varDelta t$）までの変化について表して $\varDelta t\to 0$ にすれば，

$$\sum_{CV}F=\lim_{\varDelta t\to 0}\frac{\int_{II(t+\varDelta t)}Vdm-\int_{I(t)}Vdm}{\varDelta t}$$

$$=\lim_{\varDelta t\to 0}\frac{\int_{CV(t+\varDelta t)}Vdm+\int_{out(t+\varDelta t)}Vdm-\int_{in(t)}Vdm-\int_{CV(t)}Vdm}{\varDelta t}$$

ここで $\lim_{\varDelta t\to 0}\sum_I F=\lim_{\varDelta t\to 0}\sum_{II}F=\sum_{CV}F$ であり，さらに，領域 out および in における微小質量は $dm=\rho V\cdot dA\varDelta t$ と表されるので（図 3.2），上式は次のようになる．

$$\sum_{CV}F=\lim_{\varDelta t\to 0}\frac{\int_{CV(t+\varDelta t)}Vdm-\int_{CV(t)}Vdm}{\varDelta t}+\int_{out}V\rho(V\cdot dA)-\int_{in}V\rho(V\cdot dA)$$

$$=\frac{\partial}{\partial t}\int_{CV}Vdm+\int_{S_o}V\rho(V\cdot dA)-\int_{S_i}V\rho(V\cdot dA) \tag{3.5}$$

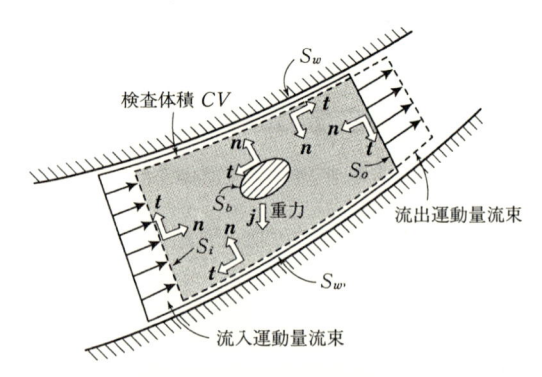

図 3.4 検査体積と運動量保存則

ここで，$dm = \rho dv$, dv は領域内の微小体積であり，左辺の $\sum_{CV} \bm{F}$ は CV に作用する外力の総和，右辺の第1項が CV における運動量の変化，第2項と第3項が境界 S_o, S_i から流出・流入する運動量流束 (momentum flux) である (図 3.4)．式 (3.5) 中の $\bm{F}$ および $\bm{V}$ はベクトル量であり，式 (3.5) は x, y, z 方向成分の3つの式を含んでいることを忘れてはならない．また運動量流束をみかけの力としてみたとき，「検査体積に流入する流体は検査体積に作用する力と同じ方向に流入運動量流束 (流入質量流量×その方向の速度成分) がみかけの力として，一方，流出する流体は逆方向に流出運動量流束 (流出質量流量×その方向の速度成分) がみかけの力として作用して，検査体積に働く力と釣り合っている」ことを表している．

検査体積に働く力には，CV 境界に作用する表面力 (surface force) $\bm{F}_S = \bm{F}_{S_i} + \bm{F}_{S_o} + \bm{F}_{S_w} + \bm{F}_{S_b}$ と CV 内の流体に直接作用する体積力 (body force) $\bm{F}_B$ があり，$\bm{F}_S$ は境界面に働く圧力 (static pressure) p とせん断応力 (shear stress) τ を用いて，次のように表すことができる．ここで $\bm{n}$ と $\bm{t}$ は，図 3.4 における S_w, S_b, S_i および S_o それぞれの境界面に対する法線方向と接線方向の単位ベクトルである．

$$\bm{F}_S = \int_S (p\bm{n} + \tau\bm{t}) \cdot dA \tag{3.6}$$

また体積力として重力を考えるとき，$\bm{F}_B$ は重力加速度を g，重力方向の単位ベクトルを $\bm{j}$ として，次のようになる．

$$\bm{F}_B = \int_{CV} g\bm{j} dm \tag{3.7}$$

〔例題 3.2 (外部流れ)〕 無限に広い空間に一様流速 U の流れがあり，その中に円柱を置いたところ，円柱下流の速度分布が次のようになった．

$$\frac{u}{U} = \frac{|y|}{b} \quad (|y| \leq b), \quad \frac{u}{U} = 1 \quad (|y| \geq b)$$

円柱を流れに抗して支えるのに必要な力 F を求めよ．

〔解〕 まず流れ場に検査体積を定める．ここでは，流量や運動量流束の算出が容易なように流入・流出する流れに直角な面を考え，さらに流れが x 軸に平行で軸に対して対称であるので，それに平行な面から検査体積を構成させる．次に流量保存則 (連続の条件) について式を立てる．図 3.5 からわかるように円柱下流の面では $u < U$ なる速度分布をもつため，上流面から流入する流量がそのまま下流断面から流出していないことがわかる．そこで検査体積の両側面から流出する流量を q とすれば，式 (3.4) は次式のよ

うになる．

$$U\cdot 2b = 2\int_0^b u\,dy + q \tag{a}$$

力 F を求めるのであるから，次に運動量保存則を考える．力はベクトル量であるから x 方向と y 方向に分けて考えねばならないが，ここでは x 軸に対称な流れであることから，x 方向についてのみ考えればよい．式(3.5)の左辺，すなわち，検査体積に作用する力（流入方向である x 方向を正にとる）として，円柱が流体に及ぼす力 $-F$（円柱表面での圧力とせん断応力を式(3.6)により積分した x 方向力）のほか，表面力として $(p_1-p_2)2b$ が作用している．したがって式(3.5)は次のように書ける．

$$(p_1-p_2)2b + (-F) = 2\int_0^b \rho\cdot u^2 dy + \rho\cdot q\cdot U - \rho\cdot U\cdot 2b\cdot U \tag{b}$$

ここで式(b)右辺の第1項と2項は流出運動量流束，第3項は流入運動量流束である．第2項については，検査体積の両側面から流出する流体は x 方向の速度成分 U をもって流出していると考えている．式(a)および(b)により力 F を得る．

$$F = (p_1-p_2)2b + \rho\cdot U^2 b/3 \tag{c}$$

力 F の算出には，p_1-p_2 を知る必要があるが，これは3.5節に述べるエネルギー保存則を用いて，円柱から十分離れた位置での速度は上流・下流によらず流速 U であることから $p_1 = p_2$ が得られる．すなわち，無限空間中の流れでは物体から十分離れたところでの静圧は等しく，物体が流体に作用する力は運動量流束の変化のみに現れる．このような流れ場を外部流れ(external flow)という．

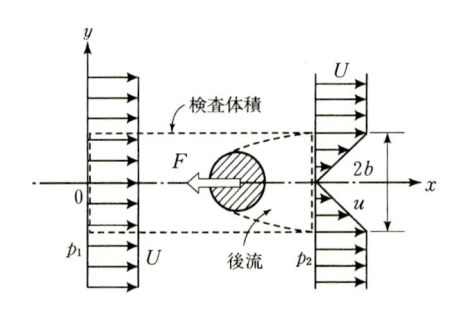

図 3.5 一様流れの中に置かれた物体に作用する力

〔**例題 3.3（内部流れ）**〕 一様流速 U のダクト内流れの中に円柱を置いたところ，円柱下流の速度分布が次のようになった．

$$\frac{u}{U_o} = \frac{|y|}{b} \quad (|y| \leq b), \qquad \frac{u}{U_o} = 1 \quad (|y| \geq b)$$

円柱を流れに抗して支えるのに必要な力 F を求めよ．

〔解〕 まず流れ場に検査体積を定める．ここでは，流量や運動量流束の算出が容易なように流入・流出する流れに直角な面を考え，それに平行なダクト壁両面から検査体積を構成させる（図3.6）．このとき式(3.4)は次式となる．

$$U \cdot 2H = 2\int_0^b u\,dy + U_o \cdot 2(H-b) \tag{a}$$

次いで，運動量保存の式(3.5)は次のようになる．

$$(p_1 - p_2)2H + (-F) = 2\int_0^b \rho \cdot u^2 dy + \rho \cdot U_o \cdot 2(H-b) \cdot U_o - \rho \cdot U \cdot 2H \cdot U \tag{b}$$

ここでダクト内壁面に作用するせん断応力は無視している．式(a)および(b)により次の力Fを得る．

$$F = (p_1 - p_2)2H + 2\rho \cdot U^2 H\left[1 - \left(\frac{2H}{2H-b}\right)^2 + \frac{b}{3H}\left(\frac{2H}{2H-b}\right)^2\right] \tag{c}$$

ダクト内の流れでは流入する流量が保存されるために，円柱下流の速度が遅くなる分だけ（この速度欠損域を後流wakeという），そのまわりの流速U_oは増速される．このため，静圧は$p_1 > p_2$となる（静圧と速度の変化関係には3.5節のエネルギー保存則を用いる）．このような固体境界で区切られた場の流れを内部流れ(internal flow)といい，この場合，流速は流量保存則で制約されるので，物体が流体に作用する力は運動量流束の変化に加えて静圧の変化も伴って現れる．

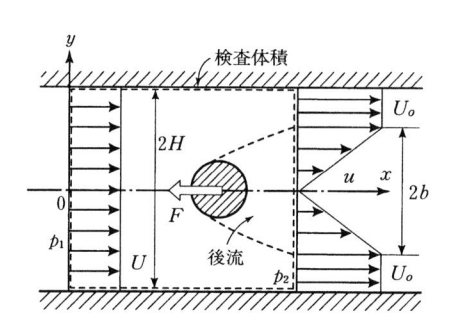

図 3.6 ダクト内に置かれた物体に作用する力

3.5 エネルギー保存則

流体が単位質量当たりにもつエネルギーu^*は内部エネルギーe, 運動エネルギー$V^2/2$, 位置エネルギーgzの和として，次式で表される．

$$u^* = e + \frac{V^2}{2} + gz \tag{3.8}$$

ここに，Vは流体の速度，gは重力加速度，zは基準面からの高さである．

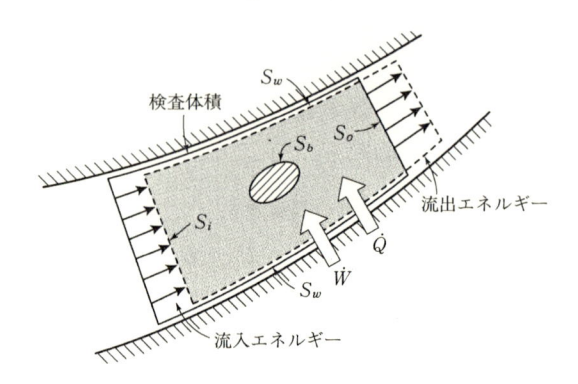

図 3.7 検査体積とエネルギー保存則

図3.7において，単位時間当たり，検査体積内の流体に加わる熱量を$\dot{Q}$，仕事を$\dot{W}$とすれば，熱力学の第一法則（エネルギー保存則）から次式が成立する．

$$\dot{Q}+\dot{W}=\lim_{\Delta t\to 0}\frac{\int_{CV(t+\Delta t)}u^*dm+\int_{out(t+\Delta t)}u^*dm-\int_{in(t)}u^*dm-\int_{CV(t)}u^*dm}{\Delta t}$$

$$=\frac{\partial}{\partial t}\int_{CV}u^*dm+\int_{S_o}u^*\rho(\boldsymbol{V}\cdot d\boldsymbol{A})-\int_{S_i}u^*\rho(\boldsymbol{V}\cdot d\boldsymbol{A}) \quad (3.9)$$

単位時間当たりの仕事$\dot{W}$は圧力による圧力仕事とせん断応力による摩擦仕事に大別され，流体境界面における圧力仕事$\dot{W}_s$と移動する固体境界面におけるすべての圧力仕事と一部の摩擦仕事からなる外部仕事$\dot{W}_t$および残りの摩擦仕事$\dot{W}_f$の和として表される．ただし固体境界面が動いていない場合は$\dot{W}_t=0$である．

$$\dot{W}=\dot{W}_s+\dot{W}_t+\dot{W}_f \quad (3.10)$$

さらに流体境界面における圧力仕事$\dot{W}_s$は次のように表される．

$$\dot{W}_s=\int_{S_i}p(\boldsymbol{V}\cdot d\boldsymbol{A})-\int_{S_o}p(\boldsymbol{V}\cdot d\boldsymbol{A}) \quad (3.11)$$

一方，単位時間当たりの熱量$\dot{Q}$は外部から加えられる熱量$\dot{Q}_t$と流体摩擦によって発生する熱$\dot{Q}_f$からなる．

$$\dot{Q}=\dot{Q}_t+\dot{Q}_f \quad (3.12)$$

式(3.10)～(3.12)を式(3.9)に代入して辺々を整理すれば，次式を得る．

$$\dot{Q}_t+\dot{W}_t=\frac{\partial}{\partial t}\int_{CV}u^*dm+\int_{S_o}\left(e+\frac{p}{\rho}+\frac{V^2}{2}+gz\right)\rho(\boldsymbol{V}\cdot d\boldsymbol{A})$$

3.5 エネルギー保存則

$$-\int_{S_i}\left(e+\frac{p}{\rho}+\frac{V^2}{2}+gz\right)\rho(\boldsymbol{V}\cdot d\boldsymbol{A})-(\dot{W}_f+\dot{Q}_f) \tag{3.13}$$

式(3.13)は,外部から系に加えられた $\dot{W}_t+\dot{Q}_t$ のうち,一部は流入してくる流体エネルギーの上昇(右辺の第2項と第3項の差)に,一部は系内の内部エネルギーの変化(右辺第1項)に,残りは損失(マイナスの符号も含めた右辺最後の項,$-(\dot{W}_f+\dot{Q}_f)>0$)となることを表している.右辺最後の損失項は $-(\dot{W}_f+\dot{Q}_f)$ を合わせて $\dot{W}_f(>0)$ または $\dot{Q}_f(>0)$ と表すことが多く,以下では $\dot{Q}_f$ を用いる.また,右辺の被積分項に含まれる $e+(p/\rho)$ はエンタルピー(enthalpy) i と呼ばれ,熱力学における開いた系(連続的に流体の出入りがある系;第6章参照)で用いられる1つの状態量を表す.

$$i=e+\frac{p}{\rho} \tag{3.14}$$

熱力学の開いた系では次式が成立するので,

$$\dot{Q}_t=\int_{S_o}id\dot{m}-\int_{S_i}id\dot{m}-\dot{m}\int_{S_i}^{S_o}\frac{dp}{\rho}, \qquad d\dot{m}=\rho(\boldsymbol{V}\cdot d\boldsymbol{A}) \tag{3.15}$$

検査体積に及ぼす外部仕事 $\dot{W}_t$ は,流体機械を定常運転しているときの単位時間当たりの仕事に相当し,次式により求められる.ただし可逆仕事(reversible work)の場合,$\dot{Q}_f=0$ である.

$$\dot{W}_t=\dot{m}\int_{S_i}^{S_o}\frac{dp}{\rho}+\int_{S_o}\left(\frac{V^2}{2}+gz\right)d\dot{m}-\int_{S_i}\left(\frac{V^2}{2}+gz\right)d\dot{m}+\dot{Q}_f \tag{3.16}$$

密度 ρ が一定の非圧縮性流体(incompressible fluid)の定常流れ($\partial/\partial t=0$)において検査体積を考え,非加熱 $\dot{Q}_t=0$ で固体境界も動いていない $\dot{W}_t=0$ の場合,式(3.16)の右辺第1項の密度 ρ を積分の外に出すことができ,次のエネルギー保存の式(3.17)を得る.

$$\int_{S_i}\left(\frac{p}{\rho}+\frac{V^2}{2}+gz\right)d\dot{m}=\int_{S_o}\left(\frac{p}{\rho}+\frac{V^2}{2}+gz\right)d\dot{m}+\dot{Q}_f \tag{3.17}$$

ただし式(3.16)と式(3.17)における $\dot{Q}_f$ は流体が失うエネルギー損失を示している.さらに流管のように流入および流出境界で圧力と速度が一様な分布をもつ一次元流れでは,単位質量流量($\dot{m}=\rho VA$)当たりの流体がもつエネルギーとして次式で表される.

$$\left(\frac{p}{\rho}+\frac{V^2}{2}+gz\right)_{S_i}=\left(\frac{p}{\rho}+\frac{V^2}{2}+gz\right)_{S_o}+gh_f \tag{3.18}$$

また,単位重量流量($\dot{m}g=\rho g VA$)当たりの流体がもつエネルギーとして表せば,

$$\left(h+\frac{V^2}{2g}+z\right)_{S_i}=\left(h+\frac{V^2}{2g}+z\right)_{S_o}+h_f \tag{3.19}$$

となり，ヘッド [m] の単位をもつことになる．ここで，カッコ内の h は静ヘッド (static head) または圧力ヘッド (pressure head), $(V^2/(2g))$ は動ヘッド (dynamic head) または速度ヘッド (velocity head), z は位置ヘッド (potential head) と呼ばれ, h_f は損失ヘッド (loss head) である．さらに静ヘッドと動ヘッドの和 $(h+V^2/(2g)=h_t)$ を全ヘッド (total head) という．これに対し，単位体積流量 $(q=VA)$ 当たりで表すと，

$$\left(p+\rho\frac{V^2}{2}+\rho gz\right)_{S_i}=\left(p+\rho\frac{V^2}{2}+\rho gz\right)_{S_o}+p_f \tag{3.20}$$

ここで，p を静圧 (static pressure), $(\rho V^2/2)$ を動圧 (dynamic pressure), 両者の和 $(p+\rho V^2/2=p_t)$ を全圧 (total pressure) またはよどみ点圧 (stagnation pressure), p_f を損失圧力 (loss pressure) という．

式 (3.18)〜(3.20) において流入・流出断面間で損失がない $(h_f=p_f=0)$ の場合を1つの流線上で考えたとき，これらの式は，流体の圧力エネルギー，運動エネルギー，位置エネルギーの合計，すなわち全エネルギーは流線上においてつねに一定であるというエネルギー保存則を表している．これをベルヌーイの式 (Bernoulli's equation) と呼んでいる．ベルヌーイの式は，損失（すなわち摩擦）がなく，定常流れで，流線に沿って密度が一定の場合に成り立ち，全エネルギーが流線に沿って保存されることを表している．流線が異なれば，全エネルギーは一般に異なることが多い．しかし，すべての流線が静止状態から出発する場合や渦なし流れ (irrotational flow；ベクトル表示で書くと $\nabla\times V=0$, 他書を参照せよ) の場合はすべての流線で同じとなる．

他書の多くでは，ベルヌーイの式を損失のない定常流れにおける流線方向の運動方程式を流線 s に沿って積分することにより導かれていることが多い．そこでここに，その運動方程式を掲示しておく（本式の導出は他書を参照されたい）．

$$V\frac{dV}{ds}=-\frac{1}{\rho}\frac{dp}{ds}-g\frac{dz}{ds}, \quad \frac{d}{ds}\left(\frac{V^2}{2}\right)=-\frac{d}{ds}\left(\frac{p}{\rho}+gz\right)$$

単位質量当たりで表したこの式において，左辺は流線方向の運動量流束の変化，右辺第1項は表面力としての圧力差（圧力勾配），第2項は体積力としての重力の項を示している．

非圧縮性流体の一次元非定常流れを考え，検査体積に対して $\dot{Q}_t=\dot{W}_t=0$ で，

しかも $h_f=0$ であるとき，内部エネルギーと位置エネルギーの時間的変化はないので，式(3.13)の右辺第1項中は次のようになり，

$$\frac{\partial}{\partial t}\int_{cv}u^*dm = \frac{\partial}{\partial t}\int_{cv}\left(e+\frac{V^2}{2}+gz\right)dm = \int_{S_i}^{S_o}\frac{\partial V}{\partial t}\rho VAdl = \rho VA\int_{S_i}^{S_o}\frac{\partial V}{\partial t}dl$$

次の単位質量流量当たりの非定常ベルヌーイの式を得る．

$$\left(\frac{p}{\rho}+\frac{V^2}{2}+gz\right)_{S_i} = \left(\frac{p}{\rho}+\frac{V^2}{2}+gz\right)_{S_o} + \int_{S_i}^{S_o}\frac{\partial V}{\partial t}dl \tag{3.21}$$

ここに l は流入・流出断面間の距離である．

また，式の誘導は第6章に譲るが，回転座標系のベルヌーイの式は次のようになる．

$$\left(h+\frac{W^2}{2g}-\frac{U^2}{2g}+z\right)_{S_i} = \left(h+\frac{W^2}{2g}-\frac{U^2}{2g}+z\right)_{S_o} \tag{3.22}$$

ここに式(3.22)中の W と U はその点での相対速度と移動速度である．

〔**例題3.4（断面積変化とエネルギー保存則）**〕 管軸が水平から傾いた管路の途中を緩やかに狭くし，最も狭い断面とその上流断面との圧力（静圧）差から流量を求めようと思う（図3.8；これをベンチュリ流量計という）．両断面に一端が大気に開放された液柱計を立てて液面の読みを計測したところ，h_1, h_2 であった．体積流量 Q を求める式を示せ．ただし上流断面と狭くした断面での管内径 d_1, d_2，ある基準からの高さ z_1, z_2，重力加速度を g，流体の密度 ρ は大気の密度に比べて十分大きいものとする．

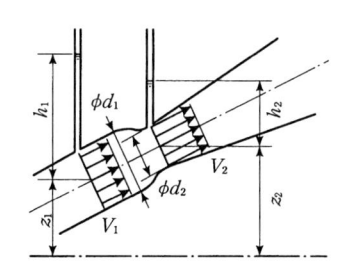

図 3.8 流路断面積変化に伴う静圧変化

〔**解**〕 大気圧を p_a としたとき，液柱計の読みと静圧 p_1, p_2 の関係は次式となる．

$$p_1 = p_a + \rho gh_1, \qquad p_2 = p_a + \rho gh_2 \tag{a}$$

ここで，式(a)で p_1, p_2 を表したとき絶対圧表示であり，(p_1-p_a)，(p_2-p_a) で表したときゲージ圧表示である．

次に両断面での流速 V_1, V_2 には流量保存則から次式の関係がある．

$$Q = \frac{\pi d_1^2}{4} V_1 = \frac{\pi d_2^2}{4} V_2 \tag{b}$$

さらに，両断面間の流れが $V_1 < V_2$ の増速流れであるので流れ損失は無視しうるものとすれば，エネルギー保存式は次のようになる．

$$\frac{p_1}{\rho} + \frac{V_1^2}{2} + gz_1 = \frac{p_2}{\rho} + \frac{V_2^2}{2} + gz_2 \tag{c}$$

式 (a)～(c) を変形整理して，流量 Q は次式のように表される．

$$Q = \frac{\pi d_1^2}{4} \sqrt{\frac{2g[(h_1 + z_1) - (h_2 + z_2)]}{(d_1/d_2)^4 - 1}} \tag{d}$$

〔例題 3.5（噴流衝突による流体力）〕 幅 B，流速 V の二次元噴流（密度 ρ）が，傾斜角 θ の静止した平板に衝突したのち，平板上で 2 方向に分かれて平板に沿って流出する（図 3.9）．このとき平板が受ける力 F とその方向を示せ．ただし流れと平板と摩擦および重力の影響は無視できるものとする．

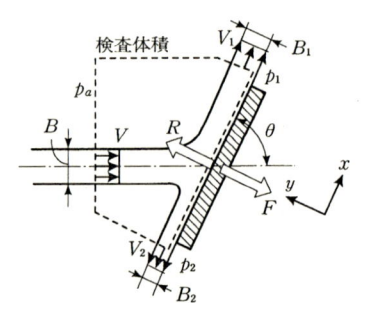

図 3.9 二次元噴流から静止平板が受ける力

〔解〕 大気中に放出された噴流が静止平板に衝突する流れの気液界面はつねに大気と接している．したがって，この流れの静圧は至るところ大気圧 p_a である．まず，流入・流出断面に直角となる検査体積を図のように定め，流入断面と流出断面 1 および 2 の間では損失がないので，エネルギー保存式は次のように書ける．

$$\frac{p_a}{\rho} + \frac{V^2}{2} = \frac{p_1}{\rho} + \frac{V_1^2}{2} = \frac{p_2}{\rho} + \frac{V_2^2}{2} \tag{a}$$

ここで $p_1 = p_2 = p_a$ であるので，$V_1 = V_2 = V$ となる．

次に流量保存則を考えると，次式が得られる．

$$VB = V_1 B_1 + V_2 B_2 \quad \text{すなわち} \quad B = B_1 + B_2 \tag{b}$$

検査体積に対して運動量保存則を考える．流れと平板との間には摩擦がないと考えているので，平板に沿った方向には噴流による力は作用しない．そこで図 3.9 のように平板に垂直方向を y，平板に沿った方向を x として運動量保存の式を立てる．まず y 方

向の式は，噴流が平板に及ぼす力の反作用として y 方向の向きに単位幅当たり R の力が作用していると考えて次のようになる．

$$\rho BV^2 \sin\theta + p_a B_p = R \tag{c}$$

ここで B_p は平板の幅であり，式 (c) で左辺は $-y$ 方向に押す力 (運動量流束も力と考えて)，右辺は $+y$ 方向に押す力である．平板には $-y$ 方向に R の力が作用しているが，平板の裏面 (噴流が当たる面とは反対の面) には圧力により $p_a B_p$ の力がかかっているので，噴流は平板に $-y$ 方向に力 F を及ぼしていることになる．

$$F = R - p_a B_p = \rho BV^2 \sin\theta \tag{d}$$

一方，x 方向について運動量保存の式を立てると，次のようになる．

$$\rho B_1 V_1^2 = \rho B_2 V_2^2 + \rho BV^2 \cos\theta \tag{e}$$

式 (e) の左辺は $-x$ 方向に押す力 (運動量流束)，右辺は x 方向に押す力である．式 (b) と (e) から流出時の液面厚さは次のように求められる．

$$B_1 = (1+\cos\theta)\frac{B}{2}, \qquad B_2 = (1-\cos\theta)\frac{B}{2} \tag{f}$$

〔**例題 3.6 (フランジにかかる力)**〕 大気中の空気 (密度 ρ) を管路の下流にある送風機により，ベルマウス付き吸い込み管に滑らかに流入させ，その直後に急拡大管を設けて送風機へと導く (図 3.10)．吸い込み管および急拡大管の断面積をそれぞれ a, A として急拡大管を下流の管により支える管継ぎ手 (フランジ) のボルト全体にかかる流体力 F を求めよ．ただし管内壁と流れとの壁面摩擦は無視できるものとする．

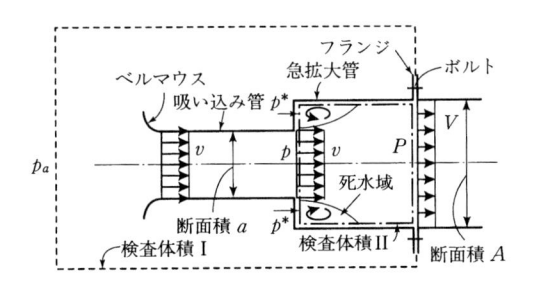

図 3.10 急拡大に伴う圧力損失とボルトが受ける力

〔**解**〕 まず，吸い込み管断面と急拡大管下流断面での流速を v, V，静圧を p, P とすれば，流量保存とエネルギー保存の式は次のようになる．

$$av = AV \tag{a}$$

$$\frac{p_a}{\rho} = \frac{p}{\rho} + \frac{v^2}{2} = \frac{P}{\rho} + \frac{V^2}{2} + gh_f \tag{b}$$

ここで p_a は大気圧，h_f は急拡大に伴う損失ヘッドである．式 (b) から吸い込み管内の圧力はそこでの動圧分だけ負のゲージ圧 ($p < p_a$) を示すことがわかる．この流れに伴っ

てボルトに加わる力を導くことを考える．このときの検査体積を考える際，検査体積に作用する力・運動量流束が複雑とならないように図3.10の破線のように大きく取る（検査体積I）．この場合，流れ方向の力の釣り合い（運動量保存）だけを考えればよく，次の式が導かれる．

$$p_a A^* + F = p_a(A^* - A) + PA + \rho A V^2 \tag{c}$$

式中の A^* は検査体積の断面積を示し，式(c)の右辺は流れ方向に検査面を押す力，左辺は流れと逆方向の力である．ボルトにかかる力を流れ方向とは逆向きを正（ボルトに引っ張りの力がかかるときを正）にとって考えれば，ボルトが検査体積に反作用として働く力 F は流れ方向となる．式(c)から F を求めるには，式(b)における損失ヘッド h_f を知る必要がある．そこで，次に急拡大部に図3.10の一点鎖線で示す検査体積IIをとり，次の運動量保存式の関係から，この損失を見積もる．

$$pa + p^*(A-a) + \rho a v^2 = PA + \rho A V^2 \tag{d}$$

式(d)の左辺は流れ方向に押す力，右辺は流れと逆方向に押す力であり，式中の p^* は急拡大に伴って生じる死水域壁面の圧力である．p^* について考えると，吸い込み管出口直前の静圧は p であり，急拡大部へ流入した直後でも流出流体の断面積はほとんど変化しないことから，そこでの圧力も p と考えることができる．さらに，その流体に接する死水域の圧力と流出流体の圧力との間に大きな圧力差があるとは考えられないので $p^* = p$ と近似することにする．式(a)，(b)，(d)により h_f を次のように求め，式(c)より F が算出される．

$$h_f = \left(1 - \frac{a}{A}\right)^2 \frac{v^2}{2g} \tag{e}$$

$$F = \rho A \frac{v^2}{2}\left[\left(\frac{a}{A}\right)^2 - \left(1 - \frac{a}{A}\right)^2\right] \tag{f}$$

〔**例題 3.7（混合損失）**〕 断面積が A_1 と A_2 の隣り合った平行な二次元ダクトから，それぞれ密度 ρ_1, ρ_2 の異なる非圧縮性流体が一様流速 V_1, V_2 で断面積 $(A_1 + A_2)$ のダクトに流入し，下流では均質に混合して密度 ρ，一様流速 V となった（図3.11）．流入断面での値を使って，流入断面と下流断面との静圧差 $(p_{12} - p)$ を求めよ．ただし各断面での静圧は一様であるものとする（例題3.1参照）．

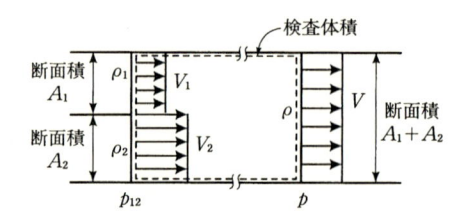

図 3.11 非圧縮性流体の混合に伴う圧力損失

〔解〕 例題3.1より下流断面での流速 V および密度 ρ が次のように求まる．
$$V=(V_1A_1+V_2A_2)/(A_1+A_2) \tag{a}$$
$$\rho=(\rho_1 V_1 A_1+\rho_2 V_2 A_2)/(V_1A_1+V_2A_2) \tag{b}$$
図に示す検査体積に対して流れ方向の運動量保存式を立てると，次式となる．
$$p_{12}(A_1+A_2)+\rho_1 A_1 V_1^2+\rho_2 A_2 V_2^2$$
$$=p(A_1+A_2)+\rho(A_1+A_2)V^2 \tag{c}$$
式(a)〜(c)を変形・整理して
$$p_{12}-p=\frac{\rho_1 A_1 V_1^2+\rho_2 A_2 V_2^2+(\rho_1 A_1 V_1+\rho_2 A_2 V_2)(A_1 V_1+A_2 V_2)}{A_1+A_2} \tag{d}$$

〔**例題3.8（ノズルからの流出による水位変化）**〕 断面積が $2A$ の大きな水槽が真ん中から板で半分に仕切られている．仕切り板の下部に断面積が a のノズルを設け，これを閉じた状態で上流側の水槽内水位を下流側より H だけ高くしておく（図3.12）．ノズルを開いた瞬間から両水槽内の水位が等しくなるまでの所要時間 T を求めよ．ただし重力加速度を g，ノズルでは水は一様流速で断面を満たし，準定常的（瞬間瞬間を定常と考えて）に流れるものとする．

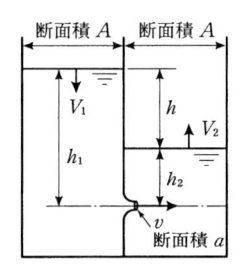

図 3.12 水槽内水位変化とノズル流出速度

〔解〕 ノズル軸からの上流側水面までの高さを h_1，下流水面までの高さを h_2，それぞれの降下・上昇速度を V_1, V_2，さらにノズルでの流出速度を v とすれば，流量保存の式として次式が成立する．
$$av=AV_1=AV_2, \qquad V_1=-\frac{dh_1}{dt}, \qquad V_2=\frac{dh_2}{dt} \tag{a}$$
次にエネルギー保存の式を上流側水面とノズル出口端とについて立てる．
$$\frac{p_a}{\rho}+\frac{V_1^2}{2}+gh_1=\frac{p_e}{\rho}+\frac{v^2}{2} \tag{b}$$
ここで p_a は大気圧，p_e はノズル出口端での静圧であり，圧力の釣り合いから次式で表される．
$$p_e=p_a+\rho g h_2 \tag{c}$$
なお，ノズル出口端と下流側水面については，$v>V_2$ の大きな減速を伴うため，損失

項を導入しないかぎりエネルギーの保存関係は成立しない．
式(a)〜(c)より，
$$v=\sqrt{2g(h_1-h_2)/[1-(a/A)^2]}=\sqrt{2gh/[1-(a/A)^2]} \tag{d}$$
ここで$h=h_1-h_2$である．これを時間微分すると，
$$\frac{dh}{dt}=\frac{dh_1}{dt}-\frac{dh_2}{dt}=-V_1-V_2=-2\frac{a}{A}v \tag{e}$$
したがって式(d)と(e)より，
$$\int_H^0 \frac{-dh}{\sqrt{h}}=\sqrt{\frac{8g}{[(A/a)^2-1]}}\int_0^T dt \tag{f}$$
これを積分して
$$T=\sqrt{[(A/a)^2-1]}\sqrt{H}/\sqrt{2g} \tag{g}$$

〔例題 3.9（移動曲板に衝突する噴流の作用）〕 ノズルから一様流速 V で噴出した密度 ρ で幅 a の液体の二次元噴流が，一定速度 U で噴流の方向に動いている曲がった板に沿って流入し，板によって噴流方向から θ だけ向きを変えて板から流出している（図 3.13）．流体が曲板に作用する力 F の方向と大きさ，さらに，液体による曲板の仕事量（動力）L を求めよ．ただし，板の表面における摩擦と曲板の出入口での高さの差は無視する．

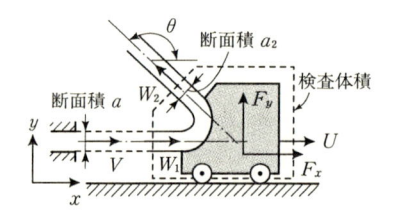

図 3.13 移動曲板に衝突する噴流の作用

〔解〕 ノズルから出た噴流は曲板に相対速度 $W_1=V-U$ で流入する．曲板面上に図のように検査体積を定め，流入断面と流出断面での相対系でのベルヌーイの式を立てると，次のようになる．
$$\frac{p_1}{\rho}+\frac{W_1^2}{2}=\frac{p_2}{\rho}+\frac{W_2^2}{2} \tag{a}$$
ここで $p_1=p_2=p_a$ であるので，$W_1=W_2=V-U$ となる．次に流量保存則を考えると，次式が得られる．
$$W_1 a=W_2 a_2 \quad\text{すなわち}\quad a_2=a \tag{b}$$
検査体積に対して運動量保存則を考える．流入噴流の方向を x，それに垂直上向き方向を y とし，曲板が検査体積内の流体に及ぼす力を R_x, R_y とすれば，各方向の運動量

保存式はそれぞれ次のようになる．

$$\rho a(V-U)^2 - \rho a(V-U)^2 \cos\theta + R_x = 0 \tag{c}$$

$$R_y = \rho a(V-U)^2 \sin\theta \tag{d}$$

ここで各軸の正方向に働く力（運動量流束）を左辺に，負方向の力を右辺に置いて釣り合わせている．ただし $\cos\theta < 0$ である．液体が曲板に働く力は R_x, R_y の反作用であるので，F_x, F_y の向きを各軸の正方向にとれば，次のようになる．

$$F_x = -R_x = \rho a(V-U)^2(1-\cos\theta)$$
$$F_y = -R_y = -\rho a(V-U)^2 \sin\theta$$
$$F = \sqrt{F_x^2 + F_y^2}, \qquad \alpha = \tan(F_y/F_x) \tag{e}$$

曲板は移動方向に F_x の力を受けて速度 U で動いている．したがって噴流による曲板の仕事量 L は次式で得られる．

$$L = F_x U = \rho a V^3 \left(1 - \frac{U}{V}\right)^2 \left(\frac{U}{V}\right)(1-\cos\theta) \tag{f}$$

さらに，仕事量を最大とする移動速度 U は，$\partial L/\partial(U/V)=0$ より求めることができ，$U=V/3$ のとき，L_{max} となることが知られる．

〔**例題 3.10（弁急開に伴う管内流量の過渡的変化）**〕 貯水槽の側壁で深さ H（一定）のところに，管長 l_1, l_2 で内径がそれぞれ d_1, d_2 をもつ異径の水平直管を接続し，その出口端上流に弁を付設した（図3.14）．$t=0$ 時刻に弁を全閉から瞬間的に開いて定常になるまでの過渡的流れ（transient flow）について流量の時間的変化について考えよ．ただし流れ損失はないものとし，重力加速度を g とする．

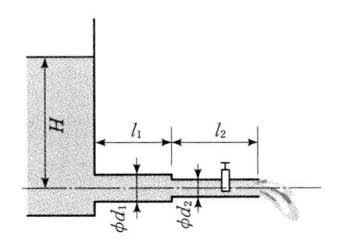

図 3.14 管路内の過渡的流れ

〔**解**〕 まず非定常ベルヌーイの式(3.21)を単位重量流量当たりで表すと次のようになる．

$$\left(h + \frac{V^2}{2g} + z\right)_{s_i} = \left(h + \frac{V^2}{2g} + z\right)_{s_o} + \frac{1}{g}\int_{s_i}^{s_o} \frac{dV}{dt} dl \tag{a}$$

管軸を基準高さに取って貯水槽水面を S_i 面，管出口端を S_o 面として考えると，式 (a) は

$$H = \frac{v_2^2}{2g} + \frac{1}{g}\left[\int_0^{l_1}\frac{dv_1}{dt}dl + \int_0^{l_2}\frac{dv_2}{dt}dl\right] \tag{b}$$

次に瞬間瞬間での体積流量 Q は次のように表されるので，これを式 (b) に入れて

$$Q = \frac{\pi d_1^2}{4}v_1 = \frac{\pi d_2^2}{4}v_2 \tag{c}$$

$$\frac{\pi d_2^2}{4}gH = \frac{2}{\pi^2 d_2^4}Q^2 + \left(\frac{d_2^2}{d_1^2}l_1 + l_2\right)\frac{dQ}{dt} = \frac{2}{\pi^2 d_2^4}Q^2 + l_E\frac{dQ}{dt} \tag{d}$$

$t = \infty$ の定常時には $dQ/dt = 0$ となるので，このときの最終流量を Q_∞ とすれば，

$$2gH = \frac{16}{\pi^2 d_2^4}Q_\infty^2 \tag{e}$$

となり，式 (d) は次のように表せる．

$$\frac{2}{\pi^2 d_2^4}(Q_\infty^2 - Q^2) = \frac{2}{\pi^2 d_2^4}Q_\infty^2\left(1 - \frac{Q^2}{Q_\infty^2}\right) = \frac{\pi d_2^2}{4}\left(1 - \frac{Q^2}{Q_\infty^2}\right) = l_E\frac{dQ}{dt} \tag{f}$$

したがって

$$\int_0^t dt = \frac{4\,l_E}{\pi d_2^2 gH}\int_0^Q \frac{Q_\infty^2}{Q_\infty^2 - Q^2}dQ, \qquad t = \frac{2l_E}{\pi d_2^2 gH}\log\left(\frac{Q_\infty + Q}{Q_\infty - Q}\right) \tag{g}$$

3.6 角運動量保存則

質量 m の質点が半径 r，回転速度 v で回転運動しているときの角運動量 (angular momentum) は慣性モーメントと角速度の積 $mr^2 \times (v/r) = mvr$ で表され，この質点がもつ角運動量の変化は質点に加えられたトルク (torque) に等しい．このときトルク T は，回転半径 r の質点に F の力が加えられていると，$T = r \times F$ となる．

流れの中に置いた検査体積に対する運動量の保存式 (3.5) に，左から距離ベクトル r をベクトル的に掛けること (外積をとること) により，検査体積における角運動量保存の式 (3.23) を得る．

$$\sum_{CV} r \times (F_S + F_B) = \frac{\partial}{\partial t}\int_{CV}(r \times V)dm$$
$$+ \int_{S_o}(r \times V)\rho(V \cdot dA) - \int_{S_i}(r \times V)\rho(V \cdot dA) \tag{3.23}$$

式 (3.23) 左辺の距離ベクトルと力の外積のうち，固体境界を介したモーメントの一部がトルク (回転力) となる．また右辺第 2 および 3 項は流出および流入時

の角運動量流束 (moment of momentum flux) である．すなわち式(3.23)は，検査体積内の流体に固体境界からトルクが与えられるときには(左辺が正)，流体が流入時より大きな角運動量流束をもって流出し，逆に，流入時より小さな角運動量流束をもって流出するときには(右辺が負)，固体境界を介してトルクを外部に取り出せることを示している．

〔**例題 3.11 (スプリンクラー)**〕 アーム半径 r，ノズル出口面積 a，ノズル方向角 θ の片腕をもつスプリンクラーで流量 Q の水を散水する．回転軸の摩擦抵抗，アームの空気抵抗を無視しうるものとして，定常回転時の角速度 ω_0 を求めよ (図 3.15)．またノズルを出た水が空気抵抗を受けずに飛散するものとして，定常回転時の水平面内での水粒子の流跡と流脈はそれぞれどのように描かれるかを示せ．ただし，流跡は 1 つの流体粒子に着目して粒子の時間経過に伴う軌跡を，流脈はある固定した 1 点に着目し，その点から時々刻々に放出された流体粒子のある瞬間における位置を連ねた線をいう (詳しくは第 7 章を参照せよ)．

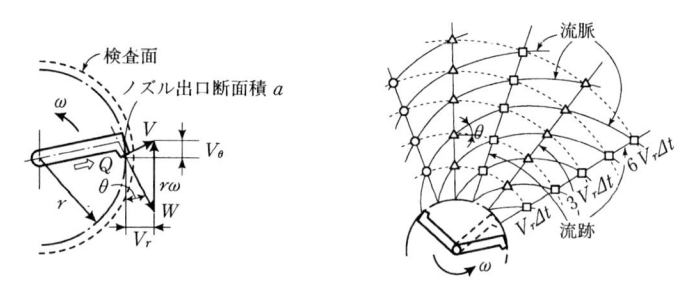

図 3.15 スプリンクラー出口の流れと流脈・流跡

〔**解**〕 観察者がスプリンクラーに乗って見たとき，ノズル出口では角度 θ の方向に W の相対流出速度で放出される．

$$W = Q/a \tag{a}$$

したがって観察者がスプリンクラーから降りて見たときの絶対速度の半径方向および回転方向 (周方向) の速度成分 V_r, V_θ (回転方向を正) はそれぞれ次のようになる．

$$V_r = W\sin\theta, \qquad V_\theta = r\omega - W\cos\theta \tag{b}$$

次に角運動量保存式を考えると，流入角運動量流束はゼロで，流出角運動量流束 $\rho Q r V_\theta$ (回転方向を正) をもつので，スプリンクラーが流体に与えるモーメント (トルク) M は次のように求まる．

$$M = \rho Q r V_\theta = \rho Q r (r\omega - W\cos\theta) \tag{c}$$

ここで $M<0$ の場合は，流体がスプリンクラーにトルクを与えることを表し，$\omega = 0$ の

ときスプリンクラーに最大トルク $|M|=\rho QrW\cos\theta$ がかかる．一方，定常回転時には $M=0$ であるので，式 (c) より角速度 ω_o は次式となる．

$$\omega_o = \frac{W\cos\theta}{r} = \frac{Q}{ar}\cos\theta \tag{d}$$

このときノズル出口での絶対流出速度は $V=V_r$ で，水粒子はこの流速 V をもって半径方向に流下していく．したがって 1 つの水粒子に着目して，その軌跡を描く流跡は放射上に表される．次に流脈について考えると，Δt 時間に水粒子は $\Delta r = V\Delta t$ だけ半径方向に流下し，一方ノズル出口端は周方向に $r\Delta\theta = r\omega\Delta t$ だけ移動するので，ノズル出口端から時々刻々に放出された水粒子のある瞬間における位置を連ねて描かれる流脈は，$\tan\alpha = \Delta r/(r\Delta\theta) = V/(r\omega) = \tan\theta$ の等角らせんとなる．

演習問題

3.1 底面に小孔をあけ，上部は大気に開放した水槽に水を入れ，水面に重いピストン状の蓋を載せる（図 3.16）．蓋と壁面との間の漏れおよび摩擦がないとしたとき，蓋が底面から高さ H の位置を通過してから，水が完全に排出されるまでの時間 T を求めよ．ただし蓋の全重量は W，水槽の断面積は A，小孔の面積は a，水の密度は ρ，重力加速度は g である．［ねらい：ベルヌーイの式，連続の式，ヒント：水面高さを h とすれば水面の流下速度は $v=-(dh/dt)$］

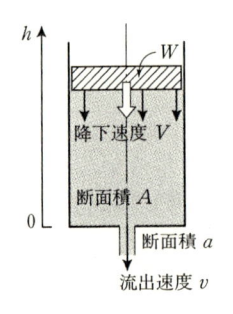

図 3.16 容器内液面高さと流出時間

3.2 断面積 A の直管の出口に断面積が a に縮小するノズルをボルトで取り付け，流量 Q の空気（密度 ρ）を大気中に放出させたとき（図 3.17），ボルトにかかる流れ方向の力 F を求めよ．［ねらい：連続の式，エネルギー保存の式，運動量保存の式］

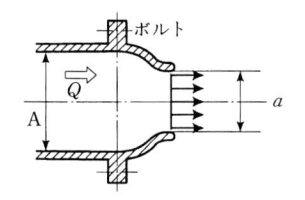

図 3.17 管端に接続したノズルフランジのボルトにかかる力

3.3 大気中から，入口にベルマウスをもつ半径 R の円管に密度 ρ の空気を吸い込ませたとき，断面①では一様流速 V，断面②では $v/V_m = 1-(r/R)^2$ の速度分布となった（図 3.18）．
 (1) V と V_m の関係を求めよ．[ねらい：連続の式]
 (2) 断面①での静圧 p_1 をゲージ圧で表す式を示せ．[ねらい：エネルギー保存の式]
 (3) 断面①と②の間での流体に作用する全壁面摩擦力を D として，両断面間の静圧差 (p_1-p_2) を求める式を示せ．[ねらい：運動量保存の式]

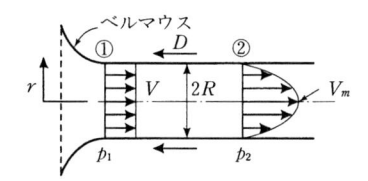

図 3.18 管路入口における摩擦損失

3.4 断面積 $2A$ の鉛直管に，断面①において断面積 A の外側で V，内側で $2V$ の同心円状一様速度分布をなして流下流入する密度 ρ の水を格子 S で整流し，下流断面②において一様流速分布を得た（図 3.19）．両断面間の壁面静圧差を密度 $\rho_m (>\rho)$ の液体を入れた U 字管マノメータで測ったところ，液面差 h を示した．
 (1) マノメータの読みから両断面間の圧力差 (p_1-p_2) を求める式を示せ．
 (2) このとき流体抵抗に抗して格子を保持するのに必要な上向きの力 F を求めよ．
 (3) 断面①-②間で，流体が単位時間当たりに失うエネルギー L を求めよ．ただし，管内壁における摩擦は無視し，重力加速度を g とする．[ねらい：圧力の釣り合いの式，連続の式，運動量保存の式，エネルギー保存の式]

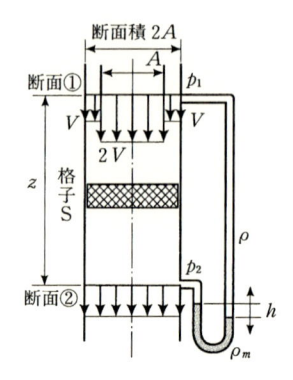

図 3.19 整流格子による流れの一様化とエネルギー損失

3.5 厚さ $2a$，流速 V の二次元噴流が角度 2θ のくさび形物体の壁面に，噴流の中心線と物体の中心線がずれて当たる (図 3.20)．くさび形物体の壁面から離れる噴流の厚さをそれぞれ a_1, a_2，流体の密度を ρ とし，摩擦力および重力の影響はないものとして，
(1) 壁面に働く力の大きさ F とその方向角 δ を求める式を示せ．
(2) a_2/a_1 を求める式を示せ．[ねらい：連続の式，運動量保存の式，エネルギー保存の式]

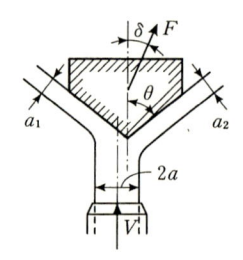

図 3.20 噴流が中心線のずれた状態でくさび形物体に当たるときの力

3.6 多数の同じ形状の二次元翼が x 軸に沿って等間隔 t で並んで静止している (直線翼列)．いま x 方向に垂直に一様流速 V で流入した密度 ρ の流体が翼列により方向を α だけ変えられて一様速度で流出している (図 3.21)．流れに損失はないものとして，
(1) 翼列上流と下流の圧力差 (p_1-p_2) を求める式を示せ．
(2) 1枚の翼が流体から受ける力 F_x, F_y を求めよ．

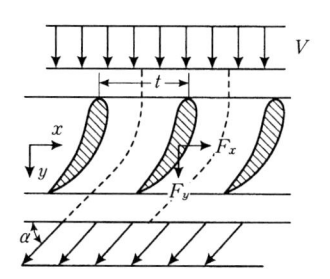

図 3.21 静止直線翼列を通過する流れ

3.7 断面積が一定で両端が大気に開放された U 字管に水柱長さ l の水を入れ，一方の水位を平衡静止状態から z_o だけ吸い上げたのち急に大気に開放に戻したときの水面の時間的変化を求めよ (図 3.22)．ただし重力加速度を g とし，管摩擦などの損失はないものとする．[ねらい：連続の式，非定常ベルヌーイの式，ヒント：時刻 t における一方の水面高さを z_1，他方を z_2 とすれば流速は $V = -dz_1/dt = dz_2/dt$ となる]

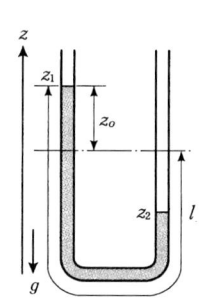

図 3.22 U 字管内の液柱振動

Tea Time

　私の師の一人である九州大学名誉教授 高松康生先生が退官の最終講義の折に，次のようなガリレオの言葉を黒板に板書された．

　"I have less difficulties to establish the movement of planets irrespective of their distances from the earth than to explore the movement of water in front of my eyes."

　さて，語学力に堪能な読者諸氏にはこの文章の和訳は容易であろう．訳は諸氏に任せるとして，これまで流体工学を学び，そして教え，研究する立場にある私にとって，真実，その言葉のとおりに感じている．流体力学が機械工学の4大力学の1つとして古くからある学問分野であるにもかかわらず，いまもなお重視され，学部教育のカリキュラムに組み込まれているのは，水や空気などの流体の流れが文明生活に密接に関連しているからであり，なおかつ，未解明な現象が数多く残されているからである．このことは，この教科書の中にも数多くの実験式や経験式が示されていることからも理解していただけるであろう．流れが生じるとつねにエネルギー損失を伴う．流れの作用を活用する場合，この損失をいかに少なくするかが鍵となる．大きくいえば地球文明を支えるうえで重要な環境やエネルギー問題の解決には，流体工学の進展がますます必要になるといっても過言ではない．したがって，少しでも流体現象に興味をもち，流れのよき理解者となりうるエンジニアの誕生を望む．ただ，エンジニアであるがゆえに流れ現象のとらえ方として大切なことは，この章で示したように現象を可能なかぎりシンプルにモデル化して，マクロ的な見方で判断できる能力を身につけておくことである．現象を解明するために流体粒子の1つ1つの動きをミクロ的にみるのでは多大の時間を要し，必要なときに必要な判断ができずに，ガリレオと同じ言葉を吐かねばならなくなる．

4. 次元解析

　流れの物理現象の解明や流体機器の開発を行うとき，関連する流れを理論的または実験的方法により調べる必要がある．たとえば，自動車の設計では，車体の空気抵抗の評価は必要なエンジンの出力を決めるうえで不可欠であるので，走行時の車体に働く力や，車体形状と車体まわりの流れとの関連など，流体工学上の問題を解決しなければならない．

　このような問題は一般的には流体力学理論に基づく流れの支配方程式を解くことにより解決されるはずである．しかし，工学的に要求される流れはほとんどの場合，理論解を得るのは容易ではない．したがって，模型試験(model test)による実験的方法が古くから行われてきた．

　模型試験では実機より小さなスケールの模型が用いられ，流速や用いる流体の物性値などの実験条件も異なるのがふつうである．したがって，模型試験で得られた結果から実機の流れ現象を正しく推定するためには，物理的な考察が必要である．そのとき重要な役割を果たすのが流れ現象を支配する無次元パラメータ(dimensionless parameter)である．なお，無次元パラメータと同じ意味で無次元数，無次元量が用いられることもある．

　無次元パラメータを用いることの意義はおもに2つあり，①実験回数を飛躍的に減らすことができ実験が効率的になる，②支配方程式の物理的解釈がより明らかになる，ことである．無次元パラメータは，問題とする流れに関連する物理量の変数の組み合わせで表される．その無次元パラメータは一般に次元解析(dimensional analysis)により得られるが，流れを支配する運動方程式が既知の場合は，その式の無次元化によりただちに得られる．

4. 次元解析

この章では，まず次元解析の基礎である流れの諸物理量の単位(unit)，次元解析法の1つであるバッキンガムの π 定理(pi theorem)，流れ現象に関連する主要な無次元パラメータについて説明し，次に，模型試験とその応用に必要な相似則について述べる．

4.1 SI 単位と次元

いろいろな物理量の単位を表すための単位系(system of unit)は従来，国や分野によって異なるものが用いられてきた．多くの単位系が混在することは工学に関する情報を交換する際の妨げになるので，国際的に共通なメートル系の単位系としてSI(国際単位系，Système International，1960年)が認定され，これを用いることが推奨されている．

SIで用いられる単位は基本単位と組立単位に分けられる．流れ現象に関連するおもな基本単位は，長さ：メートル[m]，質量：キログラム[kg]，時間：秒[s]，熱力学温度：ケルビン[K]の4つである．その他の量の単位はすべて組立単位であり，基本単位の組み合わせによってつくられる．たとえば，力の単位はニュートン[N]であり，これはニュートンの運動第二法則(力＝質量×加速度)より次のように組み立てられる．

$$1[\text{N}] = 1[\text{kg}] \times 1[\text{m/s}^2] = 1[\text{kg} \cdot \text{m} \cdot \text{s}^{-2}] \tag{4.1}$$

表4.1にSI基本単位を，表4.2に固有の名称をもつSI組立単位のおもなも

表 4.1 SI 基本単位

量	名　　　称	記　号
長さ	メートル　meter	m
質量	キログラム　kilogram	kg
時間	秒　second	s
熱力学温度	ケルビン　Kelvin	K

表 4.2 固有の名称をもつ SI 組立単位

量	名　　　称	記号	基本単位による表示
力	ニュートン　newton	N	$\text{kg} \cdot \text{m} \cdot \text{s}^{-2}$
圧力，せん断応力	パスカル　pascal	Pa	$\text{N} \cdot \text{m}^{-2}$
エネルギー，仕事	ジュール　joule	J	$\text{N} \cdot \text{m}$
仕事率(動力)	ワット　watt	W	$\text{J} \cdot \text{s}^{-1}$

表 4.3 SI 接頭語

接頭語	記号	倍数	接頭語	記号	倍数
テラ tera	T	10^{12}	デシ deci	d	10^{-1}
ギガ giga	G	10^{9}	センチ centi	c	10^{-2}
メガ mega	M	10^{6}	ミリ milli	m	10^{-3}
キロ kilo	k	10^{3}	マイクロ micro	μ	10^{-6}
ヘクト hecto	h	10^{2}	ナノ nano	n	10^{-9}
デカ deca	da	10	ピコ pico	p	10^{-12}

表 4.4 流体工学に関連する量の SI 単位と次元

名　称	記号	SI 単位	次　元
長さ	l	m	L
面積	A	m²	L^2
体積	V	m³	L^3
時間	t	s	T
角速度	ω	rad/s	T^{-1}
速度	u, v, V	m/s	LT^{-1}
加速度	a, g	m/s²	LT^{-2}
回転数	n	s⁻¹	T^{-1}
動粘度	ν	m²/s	$L^2 T^{-1}$
体積流量	Q	m³/s	$L^3 T^{-1}$
質量	m	kg	M
密度	ρ	kg/m³	ML^{-3}
比体積	v	m³/kg	$L^3 M^{-1}$
力, 重量	F	N	MLT^{-2}
力のモーメント, トルク	M, T	N·m	$ML^2 T^{-2}$
圧力	p	Pa	$ML^{-1} T^{-2}$
せん断応力	τ	Pa	$ML^{-1} T^{-2}$
体積弾性係数	K	Pa	$ML^{-1} T^{-2}$
粘度	μ	Pa·s	$ML^{-1} T^{-1}$
表面張力	σ	N/m	MT^{-2}
仕事, エネルギー	W	J	$ML^2 T^{-2}$
仕事率 (動力)	P	W	$ML^2 T^{-3}$

のを示す．また kg の k のように単位の頭につけて 10 の正数乗倍を表す接頭語も表 4.3 に示すように SI で定められている．

　流体運動の次元解析に使用することを考慮して，物性値も含めた関連する諸量の単位および次元をまとめて表 4.4 に示す．表中の次元 (dimension) は，各量の単位の次元を，長さ：L，質量：M，時間：T の代数式で表したものである．

上述のように SI の使用が推奨されてはいるが，現状では従来から慣用的に用いられてきた工学単位系(または重力単位系)も併用されているので，両者の換算が必要な場合も多い．

両単位系の大きな違いはその基本単位の選択にあり，SI 単位の質量の代わりに工学単位系では力(重量キログラム [kgf])を用いることである．したがって，工学単位から SI 単位への換算は，力の単位の換算だけでよい．1 kgf の力は質量 1 kg に重力加速度 $g = 9.8$ m/s^2 が働くときの力であるから次式が成り立つ．

$$1[\text{kgf}] = 1[\text{kg}] \times 9.8[\text{m/s}^2] = 9.8[\text{kg} \cdot \text{m} \cdot \text{s}^{-2}] = 9.8[\text{N}] \quad (4.2)$$

この式を用いて，力に関連する量の工学単位と SI 単位の相互換算ができる．

4.2 次元解析とバッキンガムの π 定理

次元解析は考えている流れ現象を支配する物理量の変数から，それを組み合わせて無次元パラメータを導き，その変数間の関数関係を簡単にすることを目的とする．流体工学における無次元パラメータの重要性を理解するため，例として図 4.1 に示すような一様流中の球に働く流体抵抗，すなわち抗力 (drag) D を調べる問題を考えてみよう．いま，抗力 D に影響を及ぼす物理量として，球の直径 d, 流速 V, 流体の密度 ρ, 粘度 μ があげられるとすると，それを独立変数として次の関数関係式が成り立つ．

$$D = f(d, V, \rho, \mu) \quad (4.3)$$

この問題を解決するためには関数 f の具体的な形を求める必要がある．単純に実験を行いこれを調べるとすると，必要な範囲で d, V, ρ, μ の値をそれぞれ変えて D の測定を行い，そのデータを集積すればよい．空気や水など流体の種類が変わることは，ρ, μ の物性値が変わることを意味する．いま，d, V, ρ, μ の値をそれぞれ 10 通り変えて実験し，必要な D のデータを採取するとすれば，合計 10^4 回の実験回数を要する．その結果は図 4.2 のように膨大な数のグラフとな

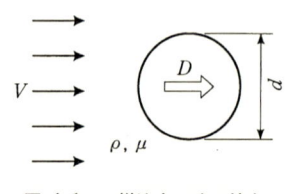

図 4.1 一様流中の球の抗力

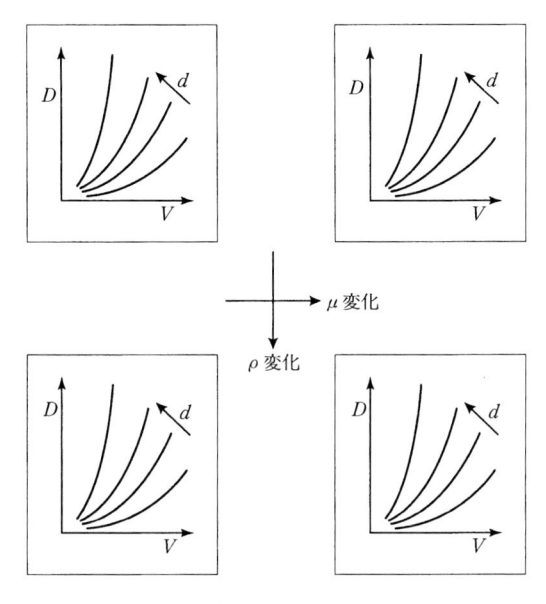

図 4.2 抗力の測定結果のグラフ

る.

次元解析によれば，抗力 D に関する無次元パラメータ $\pi_1 = D/(\rho V^2 d^2)$ と，独立変数 d, V, ρ, μ の影響をまとめて表す1つの無次元パラメータ $\pi_2 = \rho V d/\mu$ が導入され，この2つの無次元変数により式(4.3)と等価な次式が得られる．

$$D/(\rho V^2 d^2) = F(\rho V d/\mu)$$

または

$$\pi_1 = F(\pi_2) \tag{4.4}$$

ここで F は関数を表す．

式(4.4)の意味は2つある．まず，無次元パラメータ π_2 は，d, V, ρ, μ の影響をまとめて表すので，π_2 を変化させるには ρ, V, d, μ のうちどれを変化させてもよいことを意味する．すなわち，実験で d, V, ρ, μ をすべて変える必要はなく，たとえば，速度 V だけを適当な範囲で10段階変えることにより図4.3のグラフが得られたとすると，これは図4.2のグラフ群と同等の価値がある．このように，次元解析の適用により実験回数を大幅に減少できる．

もう1つの意義は，式(4.4)が，のちに述べる模型試験および相似則の基礎を

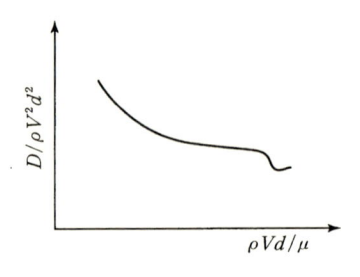

図 4.3 抗力の無次元特性

与えることである．たとえば，ある流れ条件での大きな球(実機)の抗力 D を予測したいとき，小さな球(模型)を用いて実機の π_2 と等しい条件のもとで試験を行い π_1 を求めると，これから実機の D が計算できる．一般に，模型試験により式 (4.4) または図 4.3 のような無次元特性が得られれば，これから，寸法，流体の物性，速度などが異なる実機の特性が予測できる．のちに述べるように，上記無次元パラメータ π_1, π_2 は，それぞれ抗力係数 (drag coefficient) c_D およびレイノルズ数 (Reynolds number) Re に対応する．

次に，有次元変数の関係式 (4.3) から，無次元変数の関係式 (4.4) を理論的に求めるバッキンガムの π 定理について一般的に述べる．

まず，問題とする流れに関連するすべての物理量をあげ (n 個とする)，それを $q_1, q_2, \cdots, q_n$ とすると，式 (4.3) に対応する次の関係式が成り立つ．

$$f(q_1, q_2, \cdots, q_n) = 0 \tag{4.5}$$

π 定理によれば，n 個の有次元変数 q_i の単位の中に含まれる基本単位の数が k 個とすると，$(n-k)$ 個の無次元パラメータ π_i が決まり，式 (4.5) と等価な次式が得られる．

$$\phi(\pi_1, \pi_2, \cdots, \pi_{n-k}) = 0 \tag{4.6}$$

すなわち，変数の数が k 個だけ減少したことになる．

式 (4.5) から式 (4.6) を求める実際の手順は次のとおりである．

1) n 個の変数 $q_i (i=1, 2, \cdots, n)$ の中から基本変数を k 個選び，これを繰り返し変数として用いる．その基本変数は k 個の基本単位に対して次元的に互いに独立でなければならない．通常の流れの場合，基本単位は m, s, kg の 3 個 ($k=3$) で，その次元はそれぞれ L, T, M である．したがって，幾何学的変数 (L を含む)，運動学的変数 (T を含む) および力学的変数 (M を含む) が繰り返し変

数となり，具体的には，代表長さ l，速度 V，密度 ρ の3つが選ばれる．

2) 選ばれた繰り返し変数 k 個とそれ以外の変数1個を組み合わせ，次式のように $(n-k)$ 個の無次元のパラメータ π を仮定する．各変数 q_i には未知の指数 $(\alpha_i, \beta_i, \cdots)$ をつける．ただし，q_{k+i} の指数は1とする．

$$\pi_i = q_1^{\alpha_i} q_2^{\beta_i} \cdots q_k^{\kappa_i} q_{k+i}, \qquad i=1, 2, \cdots, (n-k) \tag{4.7}$$

3) π_i は無次元数であるので，右辺も無次元でなければならない．したがって，右辺の q_i を k 個の基本単位の次元式で展開すると，各基本単位の次元がそれぞれゼロになるべきことから，未知の指数に関する連立方程式が得られ，その解より π_i が求まる．

なお，パラメータ π は無次元であるので必要に応じて適当な定数を乗じたり，パラメータどうしの積または商をとったり，さらに平方根や逆数にしてもよい．また，次元解析でとくに注意すべきことは，対象とする流れに関連する物理量をはじめにすべて列挙する必要がある．もし，支配的な物理量を落としたり，不明の量が関係するときは，正しい無次元式が得られないことは以上の議論から明らかであろう．したがって，次元解析には工学的センスが不可欠である．

〔**例題 4.1（π 定理による次元解析）**〕 上記の球の抗力に関する問題を π 定理により次元解析せよ．

〔**解**〕 流れを支配する独立変数は d, V, ρ, D, μ で $n=5$ であり，これが式(4.5)の q_i に対応する．これらの変数に含まれる基本単位の次元は L, T, M の3個しかないので $k=3$ である．したがって，d, V, ρ の3個を繰り返し変数に選ぶ．$(n-k)=2$ であるので，π パラメータは2個であり，式(4.7)は次のようになる．

$$\pi_1 = d^{\alpha_1} V^{\beta_1} \rho^{\gamma_1} D, \qquad \pi_2 = d^{\alpha_2} V^{\beta_2} \rho^{\gamma_2} \mu \tag{a}$$

d, V, ρ, D, μ の各次元式，$[d]=[L]$，$[V]=[LT^{-1}]$，$[\rho]=[ML^{-3}]$，$[D]=[MLT^{-2}]$，$[\mu]=[ML^{-1}T^{-1}]$ を上式に代入し，L, M, T について整理すると，π_1 および π_2 に対し次の次元式が得られる．

$$M^0 L^0 T^0 = M^{\gamma_1+1} L^{\alpha_1+\beta_1-3\gamma_1+1} T^{-\beta_1-2}$$
$$M^0 L^0 T^0 = M^{\gamma_2+1} L^{\alpha_2+\beta_2-3\gamma_2-1} T^{-\beta_2-1}$$

これより，指数に対する連立方程式は次のようになり，

$$0=\gamma_1+1, \quad 0=\alpha_1+\beta_1-3\gamma_1+1, \quad 0=-\beta_1-2$$
$$0=\gamma_2+1, \quad 0=\alpha_2+\beta_2-3\gamma_2-1, \quad 0=-\beta_2-1$$

これを解いて，

$$\alpha_1=-2, \quad \beta_1=-2, \quad \gamma_1=-1$$
$$\alpha_2=-1, \quad \beta_2=-1, \quad \gamma_2=-1$$

したがって，式(a)より2つの無次元パラメータ π_1, π_2 が次式のように決まり，

$$\pi_1 = D/(\rho V^2 d^2), \qquad \pi_2 = \mu/(\rho V d)$$

その結果，式(4.6)を得る．さらに，π_2 の逆数を改めて π_2 として式(4.4)が得られる．実用的には，π_1，および π_2 はそれぞれ抗力係数 c_D およびレイノルズ数 Re である．

$$c_D = D \Big/ \left(\frac{1}{2}\rho V^2 A\right), \qquad Re = \rho V d/\mu = V d/\nu$$

ここで，A は前面投影面積，$\nu = \mu/\rho$ は動粘性係数である．

4.3 模型試験と相似則

流れ現象がかかわる種々の機械の開発では，模型試験が重要な役割をもつ．たとえば，航空機，自動車，船などの設計段階では，実機(prototype)寸法を縮小した相似形の模型(model)を用いて風洞や水槽で実験を行い，その結果から実機の性能を予測，評価する．また，ポンプ，水車，圧縮機などの流体機械では，相似則により，寸法や回転数が異なる相似形の2つの機械の性能換算が簡単にできる．

このように，模型試験や相似則は2つの流れ現象を関連づけ，一方から他方を推定しようとするものである．模型試験の例として図4.4に示すように翼列まわりの流れを考えると，模型と実機の2つの流れが力学的に同等とみなせることが必須条件である．したがって，模型と実機の形状が幾何学的相似(geometric similarity)であることのほかに，流れパターンに関する運動学的相似(kinematic similarity)および力に関する力学的相似(dynamic similarity)の条

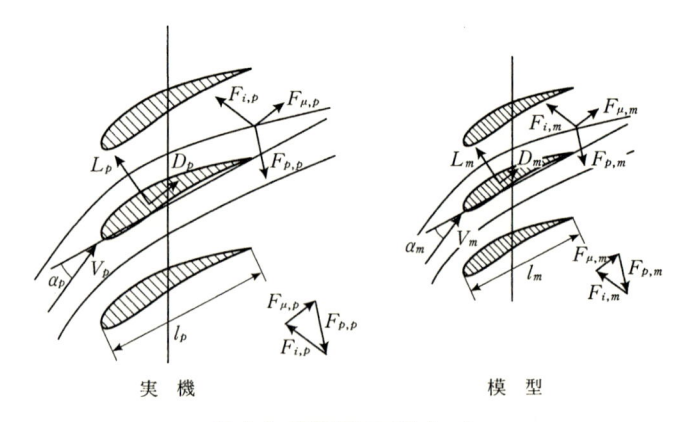

図 4.4 模型試験のパラメータ

件が必要で，これら3つの条件がすべて満足されなければならない．

上の条件がすべて満足される場合，2つの流れは物理的に同等となり，対応するすべての無次元パラメータが一致する．これを相似則(similarity law)と呼ぶ．この条件について詳しく調べよう．なお，相似則では上記無次元パラメータを相似パラメータと呼ぶことがある．

a. 幾何学的相似

まず，模型と実機の形状が幾何学的に相似でなければならない．したがって，模型と実機の対応する各部分の長さ比はすべて両者の代表長さの比に等しい．面積比，体積比についてもそれぞれ一定である．これを幾何学的相似の条件という．

$$\left.\begin{array}{ll} 長さ比 & l_m/l_p = l_r \\ 面積比 & A_m/A_p = l_r^2 \\ 体積比 & V_m/V_p = l_r^3 \end{array}\right\} \quad (4.8)$$

ここで，l_m, l_p はそれぞれ模型および実機の代表長さであり，l_r は代表長さの比，または模型の縮尺である．代表長さには一般に物体の全長，または直径がとられる．なお，物体の表面粗さは流体摩擦に影響を及ぼすので，必要な場合には粗さの高さを ε として，相対粗さ ε/l も相似にして模型を製作しなければならない．

b. 運動学的相似

模型と実機のまわりの流れパターンが相似であるためには，図4.4のように両者の流線の形状が相似でなければならない．これを運動学的相似条件という．したがって，2つの流れ場の対応する点の速度比，および流線の角度が等しい．これより，迎え角，速度比，加速度比，流量比について次の式が成り立つ．

$$\left.\begin{array}{ll} 迎え角 & \alpha_m = \alpha_p \\ 速度比 & V_m/V_p = (l_m/T_m)/(l_p/T_p) = l_r/T_r \\ 加速度比 & a_m/a_p = (V_m/T_m)/(V_p/T_p) = l_r/T_r^2 \\ 流量比 & Q_m/Q_p = (V_m A_m)/(V_p A_p) = l_r^3/T_r \end{array}\right\} \quad (4.9)$$

ここで，V_m, V_p はそれぞれ模型および実機の代表速度，$T_r = T_m/T_p$ は代表時間の比である．

c. 力学的相似

力学的相似の条件は，模型と実機の流れ場の対応する点において，流体に作用する力の比が等しいことである．力として，慣性力 F_i，圧力による力 F_p，粘性力(せん断力による力) F_μ の3力だけが作用している場合を考えると

$$F_{im}/F_{ip}=F_{pm}/F_{pp}=F_{\mu m}/F_{\mu p}=F_r \tag{4.10}$$

が成り立つ．ここで，F_r は力の比を示す．

ニュートンの運動第二法則より，

$$F_i+F_p+F_\mu=0 \tag{4.11}$$

が成り立つので，この3力のベクトルがつくる2つの三角形は，図4.4に示すように相似形となる．

d. 力に関する無次元パラメータ

流れ現象に関連する力には一般に，慣性力，圧力による力，粘性力，重力，弾性力，表面張力による力がある．これらの力は4.1節に示したように L, M, T の次元式で表される．ここでは次元的に独立な変数である，代表長さ l，速度 V，密度 ρ，および力に関する定数(重力加速度 g，体積弾性係数 K，表面張力 σ)で各力を次元的に表現すると次のようになる．

$$\left.\begin{aligned}
\text{慣性力} \quad & F_i=(\text{質量})\times(\text{加速度}) \\
& \quad =(\rho l^3)\times(l/T^2)=\rho l^2 V^2 \\
\text{圧力による力} \quad & F_p=(\text{圧力})\times(\text{面積})=pl^2 \\
\text{粘性力} \quad & F_\mu=(\text{せん断応力})\times(\text{面積}) \\
& \quad =\tau l^2=\mu(V/l)l^2=\mu Vl \\
\text{重力} \quad & F_g=(\text{質量})\times g=\rho l^3 g \\
\text{弾性力} \quad & F_K=(\text{体積弾性係数})\times(\text{面積})=Kl^2 \\
\text{表面張力による力} \quad & F_\sigma=(\text{表面張力})\times(\text{長さ})=\sigma l
\end{aligned}\right\} \tag{4.12}$$

力学的相似の条件，式(4.10)を適用すると

$$\begin{aligned}F_r&=F_{im}/F_{ip}=F_{pm}/F_{pp}=F_{\mu m}/F_{\mu p}=F_{gm}/F_{gp}\\&=F_{Km}/F_{Kp}=F_{\sigma m}/F_{\sigma p}\end{aligned} \tag{4.13}$$

となり，慣性力を基準にして各力との比をとると次式が得られる．

$$\left.\begin{array}{l}(F_i/F_p)_m=(F_i/F_p)_p\\(F_i/F_\mu)_m=(F_i/F_\mu)_p\\(F_i/F_g)_m=(F_i/F_g)_p\\(F_i/F_K)_m=(F_i/F_K)_p\\(F_i/F_\sigma)_m=(F_i/F_\sigma)_p\end{array}\right\} \qquad (4.14)$$

これらの力の比は,流体工学では重要な無次元パラメータであり,慣用的に変形されたのちそれぞれ名称がつけられている(表4.5).無次元パラメータは実験条件のように独立に与えられるもの(独立変数)と,抗力係数のように結果として決まるもの(従属変数)に分けられる.

表 4.5 流体工学に関連するおもな無次元パラメータ

	無次元パラメータ	記号	名 称	物理的意味
独立変数	$\rho Vl/\mu = Vl/\nu$	Re	レイノルズ数	慣性力/粘性力
	$V/\sqrt{K/\rho} = V/a$	M	マッハ数	$\sqrt{\text{慣性力/弾性力}}$
	$V/\sqrt{gl}$	Fr	フルード数	$\sqrt{\text{慣性力/重力}}$
	$\rho V^2 l/\sigma$	We	ウェーバ数	慣性力/表面張力
	$\omega l/V$	St	ストローハル数	流れの時間スケール/境界の時間スケール
	ε/l	—	相対粗さ	粗さ高さ/代表長さ
	α	—	迎え角	
従属変数	$D/\left(\frac{1}{2}\rho V^2 A\right)$	c_D	抗力係数	抗力/慣性力
	$L/\left(\frac{1}{2}\rho V^2 A\right)$	c_L	揚力係数	揚力/慣性力
	$p/\left(\frac{1}{2}\rho V^2\right)$	c_p	圧力係数	圧力による力/慣性力
	$\tau/\left(\frac{1}{2}\rho V^2\right)$	c_f	摩擦係数	せん断力/慣性力
	$\Delta p_l/\left(\frac{1}{2}\rho V^2\right)$	ζ	損失係数	エネルギー損失/運動エネルギー

注:M の定義式の $\sqrt{K/\rho}$ は式(1.15)により音速 a に等しい.c_D の定義式の A は一般に流速 V に垂直な面への物体の投影面積を,c_L の定義式の A は翼の平面面積を表す.

模型試験で力学的相似条件を厳密に満たすためには,模型と実機に対し独立変数となる無次元パラメータをすべて一致させて実験を行わなければならない.しかし,それは現実的には困難である.一般に,模型試験の目的や対象により,その流れ現象で支配的な力だけを考慮すればよい場合が多く,主要な相似パラメータのみを一致させれば十分である.

各種タイプの試験とその場合の主要パラメータ，二次的パラメータ，無視できるパラメータを表4.6に示す．

表4.6 模型試験のタイプと主要な相似パラメータ

試験のタイプ	主要パラメータ	二次的パラメータ	無視できるパラメータ
低速流れで自由表面なし（飛行機，自動車）	Re, α	ε/l	Fr, We, M
自由表面あり（船，液体容器）	Fr	Re	$We, M, \varepsilon/l$
高速流れ（飛行機，ロケット）	M, α	Re	$F, We, \varepsilon/l$
流体機械（ファン，ポンプ）	$Re, V/U$	ε/l	M, Fr, We
非定常流れ	St	Re	
気液境界面あり（液滴，気泡）	We	Re	Fr, M

注：速度比 V/U は流速 V と羽根車周速 U との比を表す．

レイノルズ数については，臨界レイノルズ数 (critical Reynolds number, Re_c) 以上の範囲ではその影響が小さいので，厳密に Re 数を一致させなくてもよい．Re_c は，流れ状態が層流から乱流へ変わるレイノルズ数であり，それを境に流れパターンが大きく変わる．Re_c の値はおよそ，管内流れのような内部流れでは代表長さに管内径を用いて $Re_c = 2320$，飛行機のような外部流れでは代表長さに物体の長さを用いて $Re_c = (2\sim 3)\times 10^5$ である．水車では，模型と実機の寸法効果 (scale effect) を Re 数の差の影響として修正し，実機の性能を推定する方法が確立されている．

なお，式(4.14)の無次元パラメータは上記のように簡単な考察により導出したが，π 定理からも同じ結果を導くことができる．また，流れの運動方程式の無次元化によっても得られる．

〔例題4.2（自動車の模型試験を水中で行う意味）〕 自動車の空力性能（空気抵抗，揚力，横風安定性）を水中の模型試験で調べることがある．なぜ水中で行うか，その意味を考察せよ．

〔解〕 自動車が時速100 km/h（≒30 m/s）で走行するときの空力試験を1/10縮尺モデルで行うとする．表4.5を参照し，この試験のタイプは低速試験に属するので，主要なパラメータはレイノルズ数 Re である．したがって，実機と模型の Re を等しくして試験をすれば両者の流れは相似になる．

$$Re_p = Re_m \quad \text{より} \quad V_p l_p / \nu_p = V_m l_m / \nu_m$$

ゆえに
$$V_m = (l_p/l_m)(\nu_m/\nu_p)V_p \tag{a}$$
空気を用いて風洞試験を行うとすると，$\nu_m = \nu_p = \nu_{air}$ であり，試験風速は
$$V_m = (l_p/l_m)V_p = 10\,V_p \fallingdotseq 300 \text{ m/s}$$
となる．これは非常に高速で，1 atm，20℃ の音速 a を用いるとマッハ数は
$$M = V_m/a \fallingdotseq 300/343 \fallingdotseq 0.9$$
となり，空気の圧縮性の影響が大である (非圧縮流れは $M < 0.2$)．
したがって，この場合は流れの相似性がくずれる．

水で試験を行う場合は $\nu_p = \nu_{air}$, $\nu_m = \nu_{H_2O}$ で，$\nu_m/\nu_p \fallingdotseq 1/15$ であるので式 (a) より
$$V_m = (l_p/l_m)(\nu_m/\nu_p)V_p = (10/15)V_p = 20 \text{ m/s}$$
この試験流速は水槽により実現可能である．

演習問題

4.1 内径 50 mm の直円管にそれぞれ 20℃ の水，および油 (密度=800 kg/m³，粘度=2.3 mPa·s) を流すとき，管内が層流に保たれる限界の流速 (臨界速度) を求めよ．

4.2 大気圧 0.1 MPa，温度 27℃ の大気中を時速 500 km/h で飛ぶ飛行機の 1/20 の模型を用いて，レイノルズ数とマッハ数をどちらも一致させて試験するため，可変密度風洞の圧力を $p = 2.1$ MPa にした．風洞内の温度 T_m および速度 V_m をいくらにすればよいか．ただし，空気の粘度は一定とする．

4.3 速度 36 km/h で航行する長さ 100 m の船の 1/49 スケール模型を用いて淡水で試験する場合，試験速度 V_m をいくらにすればよいか．また試験により船の抗力が 5 N であったとすると，海水での実機の抗力 D はいくらか．ただし，海水の比重を 1.03 とする．

4.4 小型飛行機の模型試験により主翼の揚力係数として $c_L = 0.15$ が得られた．実機の質量を 1200 kg，速度 350 km/h とすると，必要な翼面積 A はいくらか．ただし，1 atm，20℃ の大気状態で考える．

4.5 時速 800 km/h で飛ぶ飛行機の，地上 (温度 20℃) および 10000 m 上空 (温度 −50℃) におけるマッハ数 M を求めよ．

Tea Time

単位にまつわる話は事欠かない．授業の取得単位のことではなく，mやkgなど物理量の単位の話である．エンジニアにとって単位は重要である．畳の寸法はむかしから3尺×6尺が標準であったが，今様には端数を丸めて0.9m×1.8mとなる．いわゆる「さぶろく」はこの寸法をさす．子供のころ，肉屋の表示が匁（もんめ）からグラムに変わり馴染めなかったことを覚えている．一方，国際化，情報化の現在，専門分野ではSI単位の普及は不可欠である．むかしの学卒エンジニアが最初に与えられる仕事は，外国のインチ系の図面をミリに換算することであったという話を聞いたことがある．SI単位は高校の理科でも使われるから，いまの学生には問題ないであろう．以前は，機械では工学単位が使われ，学部へ進学の瞬間から質量の単位が$kgf \cdot s^2/m$となり，理解しにくかった．現在，専門分野ではSIは普及したが，一般生活ではまだ工学単位が使われるので換算は必要である．そのためには，本文でも述べたように，1重量キログラム(kgf)が9.8Nの力に等しいことを理解していれば十分で，車のタイヤ空気圧などの圧力の単位表示がkg/cm^2とあれば，これは専門的には誤りで，kgf/cm^2が正しいことや，その数値を9.8×10^4倍して$N/m^2 (=Pa)$の単位へ換算することなど自然にできる．一般社会では質量のkgと重量(=力)のkgfの混同が多いようであるが，機械が専門の学生はきちんと区別してほしい．また，レポートや答案で，明らかに単位が異なる量の加・減算を平気でやっているのを散見する．たとえば，(身長＋体重)のような計算は無意味であるし，単位を考えると計算不可能であるのは明白であろう．そこで一言：エンジニアたるもの，計算式では各項の単位のチェックを忘れるな！

5. 管内流れと損失

　各家庭に供給されている水道水や都市ガスのように，流体の輸送には管路(pipe line)が用いられる．流体が管の中を流れる場合を管内流れ(pipe flow, duct flow)という．水や空気など実際に流体が管内を流れるときは，流体がもつ粘性のために摩擦によるせん断応力が働き，断面内では一様な速度ではなく一般に断面中央で速く壁面に近づくと遅くなる流速の分布をもっている．また，この章で述べる種々の管路系では各部で渦が発生し，混合して複雑な流動様相を示す．このような粘性の作用が管路内の流れに伴うエネルギー損失を生みだす．したがって，流体を所定の量だけ流すためには，管路における損失がどの程度であるのかを知り，そのぶんのエネルギーを何らかの方法で流体に与えておかねばならない．流れの損失は複雑で簡単にすべてを理解することは困難である．これまで，損失を見積もるために多くの研究がなされ，一次元流れ的な取り扱いによって整理されてきた．今日ではそれを用いることで内部の詳しい流動を知らなくても管路における損失をある程度見積もることができる．本章では，管断面の速度分布は考えず，管軸方向の一次元流れとして取り扱うことによって得られた損失の整理の考え方，またこのような損失の発生に密接に関係している無次元パラメータとしてのレイノルズ数の導入を行い，さらに損失の算定方法を示す．

5.1 層流と乱流

　実在の流体には粘性(viscosity)があるために速度勾配があると摩擦によるせん断応力が作用する．また，粘性はときには流れの状態をも変える．水道の蛇口から出る水は，流速が遅くわずかに流れるときには流れの表面は滑らかで中まで

5. 管内流れと損失

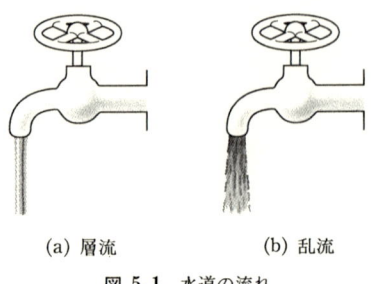

(a) 層流　　　(b) 乱流

図 5.1　水道の流れ

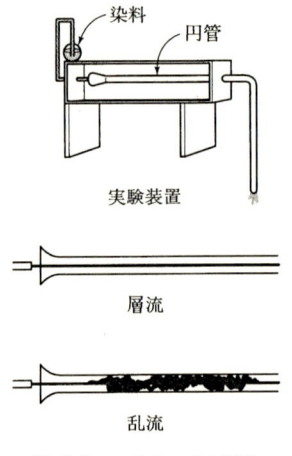

実験装置

層流

乱流

図 5.2　レイノルズの実験

透き通って見られる．これは流れが整然と流れているからである．一方，流速が速く水が勢いよく出るときには水の表面が粗く中が透き通っては見えなくなる．これは流れが乱れているためである (図 5.1)．

　レイノルズはガラス管の中を流れる水に染料を注入して流れの状態を観察し (図 5.2)，流速が遅いときは染料が直線状になり水と混じり合わず整然と流れること，そして流速が速くなると染料が水と混じり合って管全体に広がる不規則な乱れた流れとなることを見いだした．この異なる 2 つの状態について，整然と流れる状態を層流 (laminar flow)，不規則に乱れた状態を乱流 (turbulent flow) という．レイノルズは上述の観察により，層流と乱流の区別が管の内径 d・平均速度 V・流体の密度 ρ および粘度 μ を用いて表される無次元パラメータによって決まることを見いだした (4.2 節参照)．

$$Re = \frac{V \cdot d}{\mu/\rho} \tag{5.1}$$

この無次元パラメータをレイノルズ数という．層流と乱流の境界をなすレイノルズ数を臨界レイノルズ数 Re_c といい，管内流れではおよそ 2320 といわれる．ただし，この値は流入する流れの乱れ具合や管内面の粗さなどによって変わる．

〔**例題 5.1**〕 直径 $d = 25.4$ mm の円管の中を流量 $Q = 0.02$ m^3/min の水が流れている．この流れは層流かあるいは乱流であるか．ただし，水は 1 気圧，20℃ とする．

〔**解**〕 水は 1 気圧，20℃ では，その物性値が表 1.1 により，密度 $\rho = 998$ kg/m^3，粘度 $\mu = 1.00 \times 10^{-3}$ Pa·s である．
管内流速は流量を断面積で除したものであるから，

$$V = \frac{Q}{A} = \frac{Q}{\frac{\pi}{4}d^2} = \frac{0.02/60}{\frac{\pi}{4}(25.4/1000)^2} = 0.658 \text{ m/s}$$

したがって，レイノルズ数は

$$Re = \frac{V \cdot d}{\mu/\rho} = \frac{0.658 \times 25.4/1000}{1.00 \times 10^{-3}/998} = 1.67 \times 10^4$$

レイノルズ数が臨界レイノルズ数より十分大きいので，流れは乱流と考えられる．

5.2 管摩擦 (pipe friction)

管路内を流体が流れるときには粘性によって管壁では速度がゼロとなる（すべりなし条件）ために管壁と流体との間に摩擦によるせん断応力が作用する．また，圧力も流れとともに下流方向へ変化していく（第 3 章例題 3.3 参照）．直管路では，入口からある程度下流になると一般に管内流れの速度分布が流れ方向に変化しなくなる．これを十分に発達した流れ (fully developed flow) という．この状態では運動量流束の流れ方向変化はなくなるので，第 3 章の運動量の関係式は次式となる（図 5.3）．

$$(p_1 - p_2)\pi\frac{d^2}{4} - \tau(\pi d)l = 0 \tag{5.2}$$

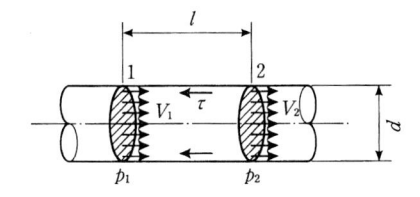

図 5.3 十分発達した円管流れの力の釣り合い

ここで，p は断面に一様に作用する圧力，τ は壁面せん断応力，d は管内径である．この式は，十分発達した流れにおいては，管内の流れに伴う圧力の低下が流体と壁面との間に働くせん断応力によって生じる損失であることを示している．したがって，速度分布が軸方向に変化しないと動圧，運動エネルギーの変化がないので管摩擦による損失ヘッド（単位重量当たりのエネルギー損失，長さの単位となる）$\Delta h_f = (p_1 - p_2)/\rho g$ を用いると次式が得られる．

$$\Delta h_f = \left(\frac{p_1}{\rho g} + \frac{V_1^2}{2g} + z_1\right) - \left(\frac{p_2}{\rho g} + \frac{V_2^2}{2g} + z_2\right)$$

$$= \frac{p_1 - p_2}{\rho g} = 4\frac{\tau}{\rho g} \cdot \frac{l}{d} \tag{5.3}$$

ここで g は重力加速度であり，壁面せん断応力 τ は，本来第1章の式 (1.20) より管壁近くの速度分布から定まる．したがって損失ヘッドを求めるためには，各断面における速度分布がわかっている必要があり，粘性流れについてのより深い知識を必要とする．これについては他書「流れの力学」の第3章にて述べている．

一方，物理現象が詳細にはわかっていない場合の解析方法として，第4章に示した次元解析がある．これにより τ を求める．管内流れを支配する物理量（独立変数）は，圧力 p，壁面せん断応力 τ，速度 V，密度 ρ，粘度 μ，管内径 d，管内径の表面粗さ ε が考えられる．ここで，せん断応力と圧力は式 (5.2) によって関係づけられており，残り6つ（$\tau, V, \rho, \mu, d, \varepsilon$）について次元解析を適用すると次の3つの無次元パラメータが得られる．

$$Re = \frac{V \cdot d}{\mu/\rho} \quad : \text{レイノルズ数 (Reynolds number)} \tag{5.1}$$

$$\lambda = \frac{4\tau}{\rho V^2/2} \quad : \text{管摩擦係数 (friction factor)} \tag{5.4}$$

$$\frac{\varepsilon}{d} \quad : \text{相対粗さ (relative roughness)} \tag{5.5}$$

これらの無次元量の間には次の関係がある．

$$\lambda = f(Re, \varepsilon/d) \tag{5.6}$$

すなわち，管摩擦係数 λ がレイノルズ数と相対粗さに関係している．

この管摩擦係数 λ を用いることで，次式により平均流速から損失ヘッドを見積もることができる．式 (5.3) と (5.4) から次式を得る．

$$\Delta h_f = \lambda \frac{l}{d} \frac{V^2}{2g} \tag{5.7}$$

この式はダルシー・ワイスバッハの式 (Darcy-Weisbach equation) と呼ばれる．ここで，管摩擦係数 λ はいろいろな管路の条件に対して理論あるいは実験によって与えられている．

a. 円管内の層流管摩擦

層流は整然とした流れであり，解析的に求めることができる．ハーゲン・ポアズイユにより管摩擦係数 λ は次式が与えられている．

$$\lambda = \frac{64}{Re} \tag{5.8}$$

層流では，管表面の粗さは管摩擦係数にあまり影響せず上式でよい（図5.4）．

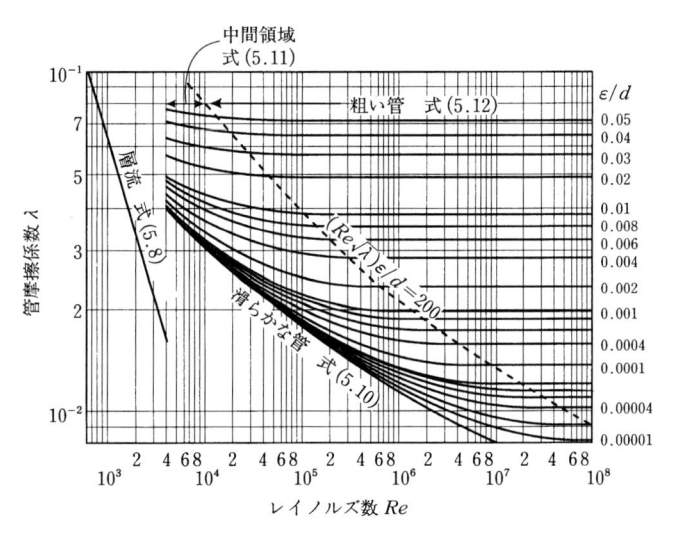

図 5.4 ムーディ線図

〔例題 5.2〕 直径 $d=101.6\,\mathrm{mm}$，長さ $l=5\,\mathrm{m}$ の円管に，流量 $Q=1.0\times10^{-2}\,\mathrm{m^3/min}$ の水が流れている．水は1気圧，20℃として，管摩擦による損失ヘッドを求めよ．

〔解〕 管内流速は例題5.1と同様にして，次式となる．

$$V = \frac{Q}{A} = 2.06\times10^{-2}\,\mathrm{m/s}$$

また，レイノルズ数も同様にして，

$$Re = \frac{V\cdot d}{\mu/\rho} = 2089$$

このレイノルズ数は臨界レイノルズ数 2320 以下であり，流れが層流であることを示す．したがって，このときの管摩擦係数は式 (5.8) から

$$\lambda = 3.06 \times 10^{-2}$$

ゆえに，式 (5.7) から管摩擦による損失ヘッドは次式となる．

$$\Delta h_f = \lambda \frac{l}{d} \frac{V^2}{2g} = 3.06 \times 10^{-2} \frac{5.0}{101.6/1000} \frac{(2.06 \times 10^{-2})^2}{2 \times 9.8} = 3.24 \times 10^{-5} \text{ m}$$

b. 円管内の乱流管摩擦

乱流の場合は，不規則で乱れた流れとなっているために，解析的に管摩擦係数を求めることは容易ではない．今までに，いろいろな実験式がある．ブラジウスは次式を提案した．

$$\lambda = \frac{0.316}{Re^{1/4}}, \quad 3 \times 10^3 \leq Re \leq 1 \times 10^5 \tag{5.9}$$

また，カルマンはプラントルの実験をもとに次式を提案した．

$$1/\sqrt{\lambda} = 2 \log(Re\sqrt{\lambda}) - 0.8, \quad 3 \times 10^3 \leq Re \leq 3 \times 10^6 \tag{5.10}$$

また乱流では，粗い円管は滑らかな円管とは管摩擦係数が大きく異なる．管内径表面の平均の粗さを ε とすると，コールブルックは次式で管摩擦係数を与えている．

$$1/\sqrt{\lambda} = 2 \log\left(3.71 \frac{\varepsilon}{d} + \frac{2.51}{Re\sqrt{\lambda}}\right) \tag{5.11}$$

式 (5.9)～(5.11) をまとめて図 5.4 に示す．この図のようにレイノルズ数が大きくなるにつれて管摩擦係数はしだいに減少する．また，表面が粗くなると同じレイノルズ数でも管摩擦係数が大きくなる．ところが，管表面の粗さがかなり大きくなるとレイノルズ数に関係なく粗さのみによって管摩擦係数が決定される．ニ

表 5.1 実用管の粗さ ε の値

管の種類	粗さ ε [mm]
引き抜き管	0.0015
市販鋼管	0.05
アスファルト塗り鋳鉄管	0.12
亜鉛引き鉄管	0.15
鋳鉄管	0.26
コンクリート管	0.3～3.0
リベット継鋼管	0.9～9.0

クラーゼによると，レイノルズ数が $Re\sqrt{\lambda}\cdot\varepsilon/d>200$ において，次式で管摩擦係数が与えられる．

$$1/\sqrt{\lambda}=1.14-2\log(\varepsilon/d) \tag{5.12}$$

ここで，いくつかの実用管における表面粗さを表5.1に示す．また，図5.4にはレイノルズ数や表面粗さに対する管摩擦係数の様子を示しており，これをムーディ線図(Moody diagram) という．

〔例題 5.3〕 例題5.2の管において，流量 $Q=0.05\,\mathrm{m^3/min}$ のとき，管摩擦による損失ヘッドを求めよ．ただし，管は鋳鉄管とする．

〔解〕 管内流速とレイノルズ数はそれぞれ次のようになる．

$$V=0.103\,\mathrm{m/s}, \quad Re=1.04\times10^4$$

レイノルズ数が臨界レイノルズ数より十分大きいので，流れは乱流と考えられる．鋳鉄管では管の表面粗さは表5.1から $\varepsilon=0.26\,\mathrm{mm}$，したがって相対粗さは $\varepsilon/d=2.6\times10^{-3}$ である．

図5.4のムーディ線図から，管摩擦係数 $\lambda=3.4\times10^{-2}$ となる．
ゆえに，損失ヘッドは式(5.7)から次のようになる．

$$\Delta h_f=\lambda\frac{l}{d}\frac{V^2}{2g}=9.06\times10^{-4}\,\mathrm{m}$$

c. 非円形管の管摩擦

管の断面が四角形や楕円形など，円形以外のさまざまな管が実用されている．このような管における管摩擦係数は円形断面の管摩擦係数の値を利用することにより求めることができる．

この場合は，円管の内径 d の代わりに次式で与えられる水力直径(hydraulic diameter) $4m$ を代表寸法として用いることで求める．

$$4m=4\frac{A}{s} \tag{5.13}$$

ここで A は管断面積であり，s は管断面の内周長さ（ぬれ縁長さともいう）である．これを用いると損失ヘッドは次式となる．

$$\Delta h_f=\lambda\frac{l}{4m}\cdot\frac{V^2}{2g} \tag{5.14}$$

また，レイノルズ数，相対粗さも同様に次式となる．

$$Re=\frac{V\cdot 4m}{\mu/\rho}, \quad \frac{\varepsilon}{d}\Rightarrow\frac{\varepsilon}{4m} \tag{5.15}$$

d. 管内自由表面流れにおける管摩擦

流体が管内を充満していない場合の管摩擦損失の見積もりは，流体が管壁と接している部分の長さsと断面積Aを取って水力直径を定める．すなわち，液体と管壁との接する部分のみを考え，液体と気体が接する自由表面は計算には含めない．液体が円管の断面(半径r)の半分まで流れて残りに気体がある場合は，水力直径は次式で表される．

$$4m = 4\frac{A}{s} = 4\frac{\pi r^2/2}{\pi r} = 2r \tag{5.16}$$

この水力直径を用いてc項の関係から管摩擦損失が計算される．

5.3 管路の各要素損失

管路系(pipe system)は直管のほかに拡大管，縮小管，曲がり管，弁などのさまざまな要素から構成されており，管路における損失は，前節の摩擦損失以外にもさまざまなところで発生する．これをマイナーロス(minor loss)と呼んでいる．この場合，各部分の損失ヘッドの大きさは損失係数(loss coefficient)ζを用いて次のように表される．

$$\Delta h = \zeta \frac{V^2}{2g} \tag{5.17}$$

ここで，速度Vは一般に各要素の中で，断面平均速度の最も大きい値が用いられる．

a. 管断面が急に拡大する場合

小さい管から大きい管へ断面変化が急に変化する急拡大(sudden enlargement)のときには，小さい管から出た流れが大きい管の入口では管壁からはがれて激しく乱れる(これをはく離separationと呼ぶ)．それが下流へ進むに従って，しだいに大きい管の断面全体へ流れが広がっていく(図5.5)．大きな管に流入した流れが管全体に広がるまでの入口からの距離は大きい管の約8倍程度を要する

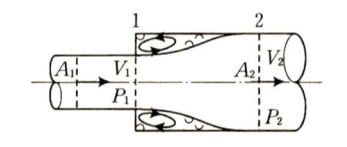

図 5.5　急拡大の管の流れ

といわれる．この間にかなりの損失を生じる．小さい管から出た直後の断面1と大きい管の十分下流の断面2の間に運動量の関係式を適応する．この場合に，小さい管の直後では小さい管での流れの状態が保たれているとすると，断面1における速度と圧力は V_1, p_1 となる．したがって，運動量流束と力の関係は次のようになる（第3章例題3.6参照）．

$$(p_1-p_2)A_2=\rho V_2^2 A_2-\rho V_1^2 A_1 \tag{5.18}$$

連続の関係を用いると，次式を得る．

$$(p_1-p_2)=\rho V_2(V_2-V_1) \tag{5.19}$$

一方，エネルギー保存則の式(3.19)を適応すると，位置ヘッドの変化が無視できる場合，次式となる．

$$\frac{V_1^2}{2g}+\frac{p_1}{\rho g}=\frac{V_2^2}{2g}+\frac{p_2}{\rho g}+\Delta h \tag{5.20}$$

ここで，Δh はこの部分における損失ヘッドである．式(5.19)と(5.20)から損失ヘッドは次式となる．ただし，動圧には流速が速い断面1における値を用いる．

$$\Delta h=\frac{(V_2-V_1)^2}{2g}=\left(1-\frac{A_1}{A_2}\right)^2\frac{V_1^2}{2g} \tag{5.21}$$

この式をボルダ・カルノーの式(Borda-Carnot's formula)という．

実際には，断面1の状態は小さい管の状態と多少異なるために，その補正を表す係数 ξ（ξ は1に近い値）が用いられる．すなわち，

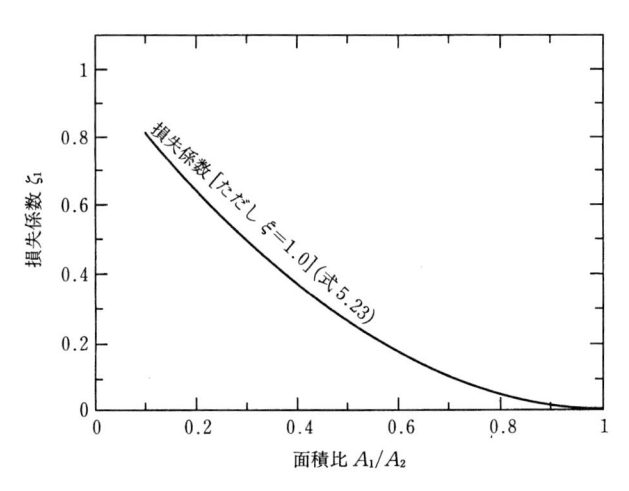

図 5.6 急拡大の管の損失係数

$$\varDelta h = \xi \left(1 - \frac{A_1}{A_2}\right)^2 \frac{V_1^2}{2g} \tag{5.22}$$

あるいは，損失係数を ζ_1 とすると上式は次のようになる．

$$\varDelta h = \zeta_1 \frac{V_1^2}{2g}, \qquad \zeta_1 = \xi \left(1 - \frac{A_1}{A_2}\right)^2 \tag{5.23}$$

この損失係数の式の関係を図5.6に示す．

b. 管断面が緩やかに広がる場合

管の広がりが緩やかな場合は，もし損失がないとすると連続の式とベルヌーイの式から流れ方向に圧力が上昇し（$dp/ds > 0$），流速が低下する減速流れとなる．その場合には管の広がりの具合によって異なる損失を生じる．損失ヘッドをa項と同様に管の広がり A_2/A_1 との関係で表すと次式となる．

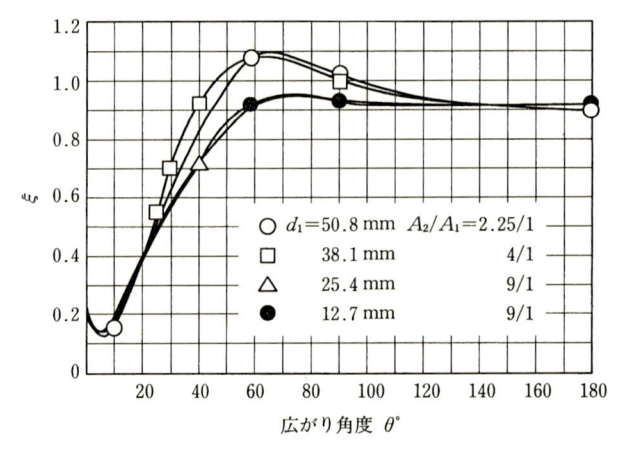

図 5.7 緩やかに広がる円管の損失係数 ξ（「管路・ダクトの流体抵抗」より）

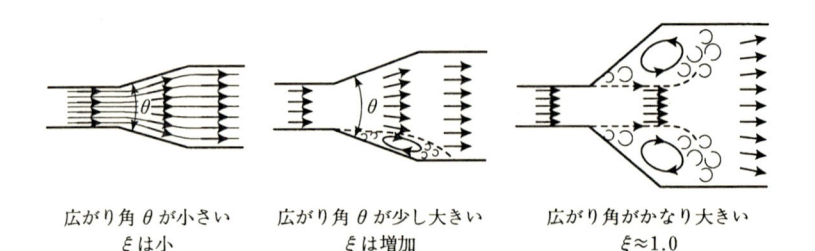

図 5.8 緩やかな広がり管の流れの様子

$$\Delta h = \xi\left(1-\frac{A_1}{A_2}\right)^2\frac{V_1^2}{2g} \tag{5.24}$$

ここで，ξ は管の大きさや形状，広がり角によって異なり，実験により見いだされている（図5.7）．広がり角 θ（図5.8参照）が $6\sim8°$ において損失係数は最小となっている．小さい管から大きい管につながる管路は，動圧を静圧へ効率よく回復させる目的で用いられディフューザ(diffuser)と呼ばれる．この場合広がり角が小さく流れが管全体へ効率よく広がる．しかし，広がり角が大きくなると斜面の一方に流れが偏り，他方では斜面に沿わず乱れた状態になる．これにより，損失は急に増加する．広がり角がさらに大きくなると，流れは完全に斜面からはく離して，a項の急に拡大する場合と同様になる（図5.8）．

〔例題5.4〕 水が流速 $0.1\,\mathrm{m/s}$ で面積比 $A_1/A_2=1/4$ の急に拡大する管路を通過する．拡大後の流速と拡大による損失ヘッドを求めよ．ただし，管摩擦による損失は無視できる．また，広がり角が $\theta=8°$ で緩やかに広がる場合の損失ヘッドを求めよ．

〔解〕 急に拡大する管路の下流における流速は，拡大の前後における連続の関係から求まる．

$$A_1 V_1 = A_2 V_2 \quad \therefore \quad V_2 = \left(\frac{A_1}{A_2}\right)V_1 = \frac{1}{4}\times 0.1 = 0.025\,\mathrm{m/s}$$

また，損失係数は面積比が $1/4$ であるから，図5.6により $\zeta_1=0.56$ である．したがって，損失ヘッドは次式となる．

$$\Delta h = \zeta_1 \frac{V_1^2}{2g} = 0.56\frac{0.1^2}{2\times 9.8} = 2.86\times 10^{-4}\,\mathrm{m}$$

次に，緩やかに広がる場合の損失係数は，図5.7より $\xi_1=0.15$ となる．したがって，損失ヘッドは $\Delta h = 4.30\times 10^{-5}\,\mathrm{m}$ となる．

c. 管断面が急に縮小する場合

直径が大きい管から小さい管へ断面変化が急に変化する急縮小(sudden con-

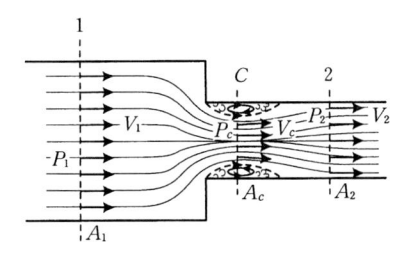

図 5.9 急に縮小する管の流れ

traction) のときには,小さい管の入口でいったん流れが縮小し,それから小さい管の断面全体まで広がる (図 5.9). 一般に流れ方向の圧力勾配が $dp/ds<0$ となる縮流部分での損失は無視できるほど小さく,$dp/ds>0$ となる拡大部での損失が支配的となる.したがって,このときの損失は縮小の後の流れが小さい管へ広がっていく過程で起こり,そこでは a 項の急拡大の流れと同様に考えることができる.縮小部分(断面 C)と下流の部分で運動量の関係をあてはめ,損失ヘッドを求めると,次式を得る.

$$\Delta h = \xi\left(1-\frac{A_2}{A_c}\right)^2\frac{V_2^2}{2g} \tag{5.25}$$

ここで,動圧には管断面 2 での値を用いる.また,A_c/A_2 を縮流係数 (coefficient of contraction) という.

$$C_c = \frac{A_c}{A_2} \tag{5.26}$$

縮流係数の大きさは大きい管と小さい管の管直径の割合や小さい管の入口部分の形状によって変化し,実験的に定められる.そこで,これを含めて損失係数を次のように表す.

$$\Delta h = \zeta_c \frac{V_2^2}{2g} \tag{5.27}$$

ここで,ζ_c は急縮小による損失係数であり,縮流係数と損失係数を図 5.10 に示す.

一方,断面変化が緩やかに狭くなる場合には,連続の式とベルヌーイの式とから流れ方向に圧力が低下し ($dp/ds<0$),流速が大きくなる増速流れとなる.この流れはスムーズに進み,摩擦損失以外のほとんどの損失は無視できる.

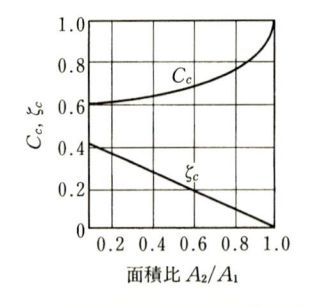

図 5.10 急に縮小する管の縮流係数 C_c と損失係数 ζ_c (「機械工学便覧」より)

d. 管路の入口

大きな容器から管路へ流体が流入するときには，流れが急に縮流するために管入口で損失が生じる．その大きさは管路入口の形状によって異なる．図5.11に各入口形状について損失係数を示す．入口形状のわずかな違いで損失係数は大きく異なるので，入口形状については十分な注意を必要とする．損失を小さく押さえるために，特別に滑らかな形状を管路の入口に施したものをベルマウス (bell mouth) (図5.11 (a)) という．

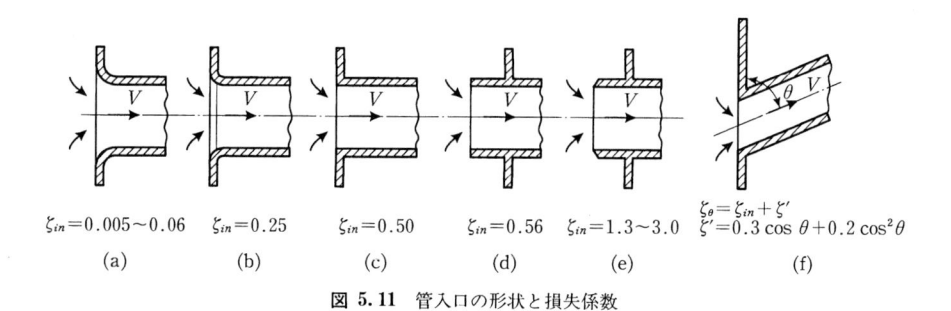

$\zeta_{in}=0.005\sim0.06$ $\zeta_{in}=0.25$ $\zeta_{in}=0.50$ $\zeta_{in}=0.56$ $\zeta_{in}=1.3\sim3.0$ $\zeta_\theta=\zeta_{in}+\zeta'$
(a) (b) (c) (d) (e) $\zeta'=0.3\cos\theta+0.2\cos^2\theta$
(f)

図 5.11 管入口の形状と損失係数

損失ヘッドは入口管内の流速を基準として次式が与えられる．

$$\Delta h = \zeta_{in}\frac{V_{in}^2}{2g} \tag{5.28}$$

ここで，ζ_{in}は損失係数であり，V_{in}は管断面平均流速である．

e. 管路の出口

管路から大きな容器に流れが吐出する場合においても損失が生じる．これを吐

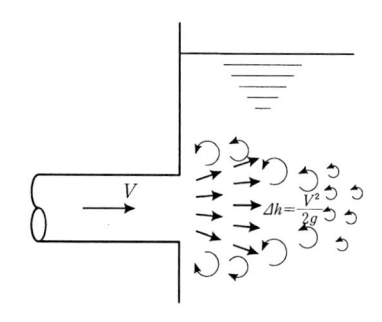

図 5.12 管の出口における損失

き出し損失といい，a項の管路が急に拡大する場合の考えをもとに，$A_2 \to \infty$ とすることで得られる．すなわち，式(5.23)より管路内の流体のもつ動圧がそのまま損失となる．

$$\Delta h = \frac{V^2}{2g} \tag{5.29}$$

この場合の損失係数は1.0である．これは，管路を出た流体が渦を形成して，流体の運動エネルギーがしだいに拡散され粘性によって消失することを意味する(図5.12)．

f. 管路が曲がる場合

管路内には，曲がり管が含まれることも多い．曲がり管路では流体に遠心力が働き，曲がりの外側で圧力が高くなる．このため曲がりの外側では，曲がりに近づく流れはしだいに圧力が上昇することになり，入口ではく離が起こる．一方，曲がりの内側では圧力が下がる．曲がりが終わると遠心力がなくなり，ふたたび圧力が高くなってついには曲がりの後ではく離が起こる(図5.13)．また，管断面内の流速分布が断面の中央で速く管壁近くで遅くなっているので，断面の中央の速い流体に大きな遠心力が働く．そのため，流体が曲がりの外側へ向かう．一

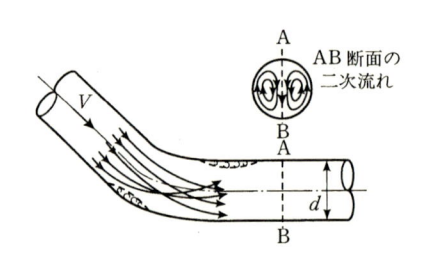

図 5.13 曲がり管路のはく離と二次流れ

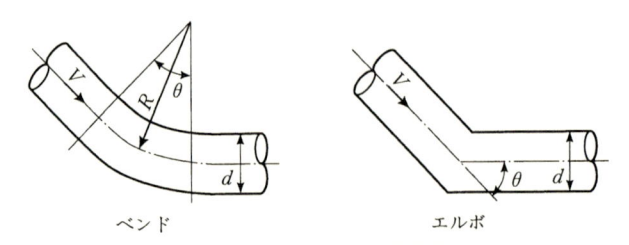

図 5.14 曲がり管路の種類

方，外側の流速が遅い流体は遠心力の影響が少なく，壁近くを通って曲がりの内側へ押しやられる．このように管軸方向に垂直な断面で循環する流れが生じ，これを二次流れ(secondary flow) という．この二次流れによって曲がり管路では損失が発生する．

　曲がり管路にも大きく2種類がある．曲がりが緩やかになっているベンドと角をもつエルボである（図5.14）．

　ベンドは曲がりに曲率があり，損失係数も形状によって種々である．滑らかな管壁の場合の損失係数には次式がある．

$$\left.\begin{array}{l}\zeta=0.00515\alpha\theta Re^{-0.2}(R/d)^{0.9} \quad [Re(d/R)^2<364] \\ \zeta=0.00431\alpha\theta Re^{-0.17}(R/d)^{0.84} \quad [Re(d/R)^2>364]\end{array}\right\} \quad (5.30)$$

ここで，R は曲率半径，θ は曲がり角度，α は表5.2による．

　エルボは角をもつ曲がりとなっているので，角で流れがはく離する．したがって，ベンドに比べて損失ヘッドが大きい．損失係数はワイスバッハによって次式が示されている．

表 5.2　ベンドにおける α の数値

曲がり角 θ	45°	90°	180°
α の関係	$1+5.13(R/d)^{-1.47}$	$R/d<9.85$ の場合　$0.95+4.42(R/d)^{-1.96}$ $R/d>9.85$ の場合　1.0	$1+5.06(R/d)^{-4.52}$

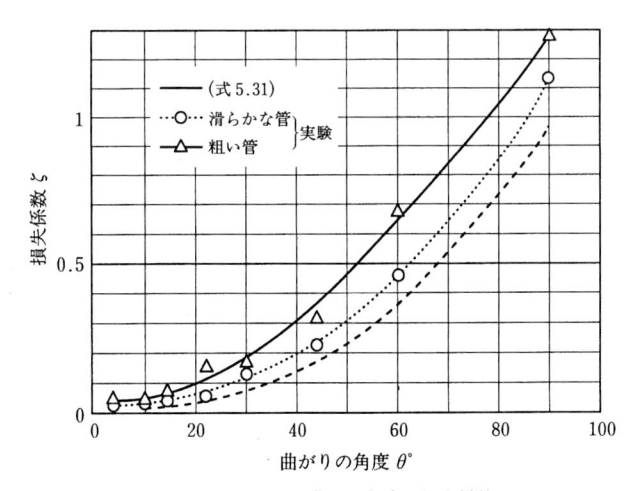

図 5.15　エルボの曲がり角度と損失係数

$$\zeta = 0.946\sin^2\left(\frac{\theta}{2}\right) + 2.05\sin^4\left(\frac{\theta}{2}\right) \tag{5.31}$$

また，内面が滑らかな場合と粗い場合ではζの値は異なり，実験によっても与えられている（図5.15）．

g. 弁とコックの場合

管路の流量を調節する目的で弁やコックが用いられる．この部分で積極的に損失を生じさせ，その大きさを任意に変えることによって流量を制御するものである．弁やコックの構造は一般に複雑であり，系統的に損失係数を見積もることは困難である．損失ヘッドにおける速度は管の断面における値を用いて表される．

$$\varDelta h = \zeta \frac{V^2}{2g} \tag{5.17}$$

以下に代表的なものについて示す．

(1) 仕切り弁 (sluice valve)： 流路を板で仕切る比較的単純な構造である（図5.16）．損失係数は，全閉のとき無限大で，開度が大きくなるとともに小さくなる．管内径dに対する開きの大きさd'の比d'/dに対する損失係数の変化を図5.18に示す．仕切り弁は，開度によって損失係数の値が大きく変化していることがわかる．

(2) 玉形弁 (globe valve)： 水道の蛇口などに用いられる弁である．円錐形の接触部をもつ弁座に全閉時には弁が密着するようになっており，ハンドルを回して弁を上下に動かし，開度を調整するようになっている（図5.17）．全閉時には漏れが全くないようにすることができる．ただ，構造上流れが大きく変化するので損失係数が大きくなる．図5.18に代表的なものについて開度と損失係数の関係を示す．玉形弁では開度が変わっても仕切り弁ほど損失係数は変化が少な

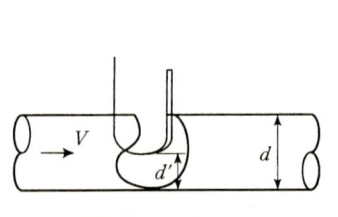

図 5.16　円形仕切り弁

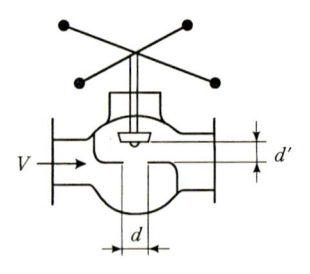

図 5.17　玉形弁

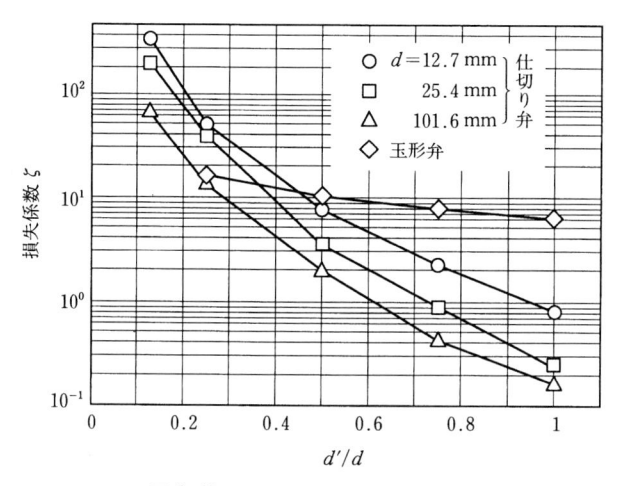

図 5.18 仕切り弁と玉形弁の損失係数

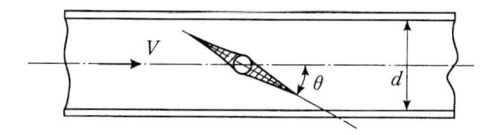

図 5.19 ちょう形弁

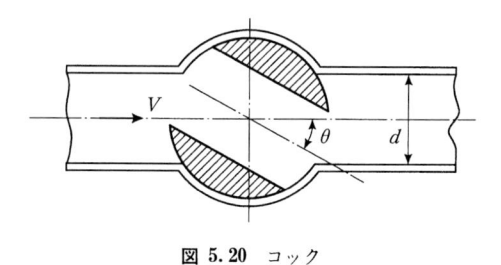

図 5.20 コック

く，弁の設置によってかなりの損失を生じている．

(3) **ちょう形弁** (butterfly valve)： 流路の中にある弁の角度を変えることで流量を調整するものである．構造が簡単で，全開時の損失も小さい（図 5.19）．ただ，流れを完全に止めることは難しい．

同様に弁の角度を変えることで調整するものにコック (cock) があり，図 5.20 に示す．コックは開閉を瞬時に行うところに用いられ，流れを完全に止めること

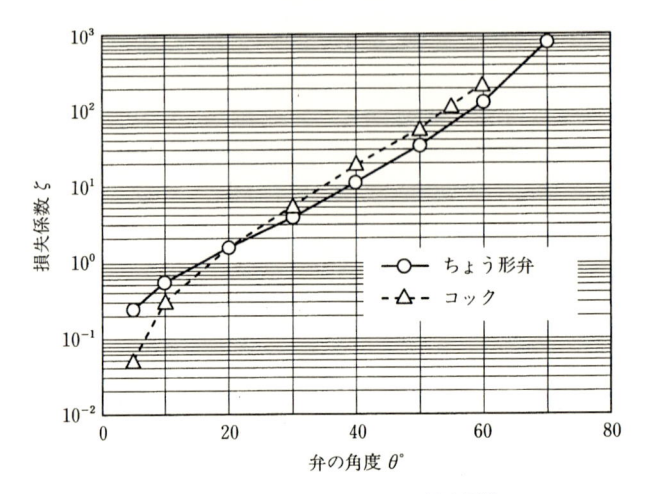

図 5.21 ちょう形弁とコックの損失係数

ができる．ちょう形弁とコックの損失係数を図5.21に示す．

5.4 管路系における総損失

管路系を流体が流れるとき，入口から出口までの間に生じる損失の総和を総損失という．この損失は以上に述べた管路入口，管路摩擦，曲がりや断面変化，弁などの管路の構成要素，さらに管路の出口での損失からなる．

総損失ヘッド ΔH は管内径を d，流速を V とすると，管内径が一定のときは次式となる．

$$\Delta H = \left(\lambda \frac{l}{d} + \Sigma \zeta_i\right) \frac{V^2}{2g} \tag{5.32}$$

また，管の断面積が異なる場合には，それぞれ直径 d_i，長さ l_i で管摩擦係数 λ_i の直管部分と，損失係数 ζ_j の構成要素における損失の和となる．

$$\Delta H = \sum_i \lambda_i \frac{l_i}{d_i} \cdot \frac{V_i^2}{2g} + \sum_j \zeta_j \frac{V_j^2}{2g} \tag{5.33}$$

ここで，各要素における速度 V_i や V_j は連続の式により，それぞれ入口または出口での流速と関係づけることができる．

〔例題 5.5〕 図5.22のような十分大きな容器から直径5cmの管路を通って水が大気に吐出される．コックの角度が $\theta = 40°$ のときの流量を求めよ．ただし，吐出中には水面は変化しない．また，管摩擦係数 $\lambda = 0.020$，入口の損失係数を $\zeta_{in} = 0.5$，エルボ

5.5 管路の分岐と合流

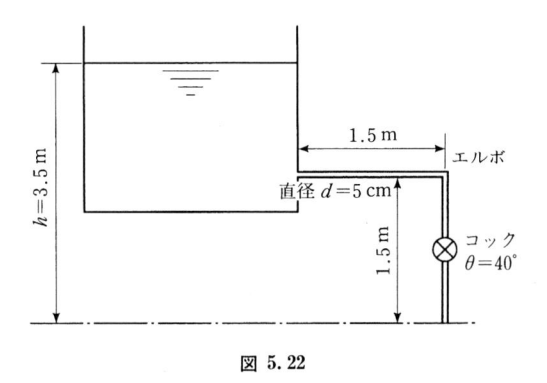

図 5.22

の損失係数を $\zeta_e = 1.2$ とする.

〔解〕 コックの角度が $\theta = 40°$ であるから,図 5.21 から損失係数は $\zeta = 17$ である.管内の流速を V とし管出口を基準として容器の水面との間にエネルギーの式を適用すると,

$$\frac{p_1}{\rho g} + Z_1 = \frac{V^2}{2g} + \frac{p_2}{\rho g} + Z_2 + \Delta H$$

$$\Delta H = \left(\lambda \frac{l}{d} \frac{V^2}{2g} + \zeta_{in} \frac{V^2}{2g} + \zeta_e \frac{V^2}{2g} + \zeta \frac{V^2}{2g} \right)$$

ここで,$p_1 = p_2$ であり,$Z_1 - Z_2 = h$ より

$$h = \left(1 + \lambda \frac{l}{d} + \zeta_{in} + \zeta_e + \zeta \right) \frac{V^2}{2g}$$

$$V = \sqrt{\frac{2gh}{1 + \lambda \frac{l}{d} + \zeta_{in} + \zeta_e + \zeta}} = \sqrt{\frac{2 \times 9.8 \times 3.5}{1 + 0.020 \frac{1.5 + 1.5}{0.05} + 0.5 + 1.2 + 17}}$$

$$\therefore \quad V = 1.81 \, \text{m/s}$$

したがって,流量は

$$Q = \frac{\pi}{4} d^2 V = 3.55 \times 10^{-3} \, \text{m}^3/\text{s} = 0.213 \, \text{m}^3/\text{min}$$

5.5 管路の分岐と合流

管路系では1つの管路から流れが分かれたり,逆に1つの管路へ別の管路から流れ込んだりすることがある.前者を管路の分岐 (dividing junction),後者を合流 (combining junction) という.

分岐管ではそれぞれ分かれて流れる管路ごとに損失を見積もる.この場合,分

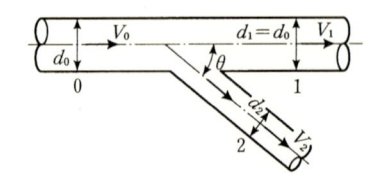

図 5.23 分岐管

岐の前の管路における動圧を基準とする．図 5.23 において，分岐前の管路 0（流量 Q_0，速度 V_0）から主管路 1（流量 Q_1，速度 V_1）へ流れる損失ヘッド Δh_{01} と，管路 0 から管路 2（流量 Q_2，速度 V_2）に分岐して流れる損失 Δh_{02} を，それぞれの損失係数を ζ_{01} と ζ_{02} を用いて表すと次式になる．

$$\Delta h_{01} = \zeta_{01} \frac{V_0^2}{2g}, \qquad \Delta h_{02} = \zeta_{02} \frac{V_0^2}{2g} \tag{5.34}$$

このときの損失係数 ζ_{01} と ζ_{02} は分岐の角度や管の大きさ，形状などによって異なっている．表 5.3 に分岐の流量比 Q_2/Q_0 に対する損失係数を示している．主管路に比べて，分岐管路の管直径が小さくなると主管路の損失がかなり小さく，分岐管路の損失が大きくなることがわかる．

合流管では合流前の主管路とそれに合流する枝管のそれぞれについて，合流による損失ヘッドを見積もる．図 5.24 において，合流前の主管 0 に枝管 1 から合

表 5.3　分岐管の損失係数（分岐点の縁がとがっている場合）（「機械工学便覧」より）

$d_0 = 43$ mm			Q_2/Q_0					
			0	0.2	0.4	0.6	0.8	1.0
$d_2 = 43$ mm $A_0/A_2 = 1$	$\theta = 90°$	ζ_{01}	0.05	−0.08	−0.05	0.07	0.21	0.35
		ζ_{02}	0.95	0.88	0.89	0.95	1.10	1.29
	45°	ζ_{01}	0.04	−0.06	−0.04	0.07	0.20	0.33
		ζ_{02}	0.90	−0.67	0.50	0.37	0.34	0.47
$d_2 = 25$ mm $A_0/A_2 = 2.96$	$\theta = 90°$	ζ_{01}	0.20	−0.15	−0.05	0.06	0.20	0.30
		ζ_{02}	1.30	1.50	2.35	4.30	—	—
	45°	ζ_{01}	0.00	−0.05	−0.03	0.07	0.20	0.35
		ζ_{02}	0.90	0.49	0.56	1.38	2.81	5.00
$d_2 = 15$ mm $A_0/A_2 = 8.22$	$\theta = 90°$	ζ_{01}	ほぼ 0					
		ζ_{02}	1.00	3.00	8.95	19.5	31.2	—
	45°	ζ_{01}	−0.01	−0.04	0.00	0.09	0.21	0.34
		ζ_{02}	1.00	1.00	5.05	14.1	27.1	44.5

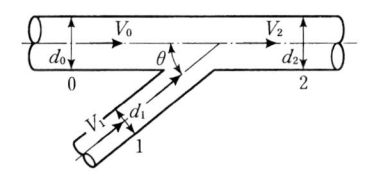

図 5.24 合流管

流して主管路 2 に流れる場合，それぞれの損失ヘッドは，損失係数をそれぞれ ζ_{02}, ζ_{12} とすると，合流後の動圧 (速度 V_2) を基準にして次式になる．

$$\Delta h_{02} = \zeta_{02}\frac{V_2^2}{2g}, \qquad \Delta h_{12} = \zeta_{12}\frac{V_2^2}{2g} \tag{5.35}$$

このときの損失係数 ζ_{02}, ζ_{12} も，枝管の角度や管の大きさ，形状などによって異なっている．表 5.4 に損失係数を示す．

表 5.4 合流管の損失係数 (分岐点の縁がとがっている場合)(「機械工学便覧」より)

$d_0 = 43$ mm			Q_1/Q_2					
			0	0.2	0.4	0.6	0.8	1.0
$d_1 = 43$ mm $A_0/A_1 = 1$	$\theta = 90°$	ζ_{02}	0.04	0.18	0.30	0.40	0.50	0.60
		ζ_{12}	-1.02	-0.41	0.08	0.47	0.72	0.91
	45°	ζ_{02}	0.04	0.17	0.18	0.07	-0.17	-0.54
		ζ_{12}	-0.91	-0.37	0.00	0.22	0.37	0.37
$d_1 = 25$ mm $A_0/A_1 = 2.96$	$\theta = 90°$	ζ_{02}	0.30	0.52	0.78	1.00	1.27	1.52
		ζ_{12}	-0.69	0.20	1.26	2.78	4.79	7.27
	45°	ζ_{02}	0.00	0.10	-0.16	-0.70	-1.50	-2.90
		ζ_{12}	1.00	-0.10	0.75	2.10	3.79	5.55
$d_1 = 15$ mm $A_0/A_1 = 8.22$	$\theta = 90°$	ζ_{02}	ほぼ 0					
		ζ_{12}	-1.18	2.35	11.53	28.8	—	—
	45°	ζ_{02}	0.00	-0.10	-1.12	-2.88	-5.66	-9.64
		ζ_{12}	-1.20	1.88	8.25	19.6	34.6	54.4

5.6 管路網の損失と管路の設計

管路系が複雑に構成されるようになると，管路網 (pipe network) と呼ばれる．この場合は，損失の見積もりあるいは管路の設計において，以下のような簡便な方法がよく用いられる．内径 d，流速 V の管路について長さ l の区間での損

を考える.管摩擦係数を λ とし,そこの要素の損失係数を ζ とすると,管路の損失は次式によって与えられる.

$$\Delta h = \lambda \frac{l}{d} \cdot \frac{V^2}{2g} + \zeta \frac{V^2}{2g} \tag{5.36}$$

この管路部分を流れる流量を Q とすると断面平均流速は $V=4Q/\pi d^2$ で与えられる.したがって,損失ヘッドは次式のようになる.

$$\Delta h = \left\{ \left(\lambda \frac{l}{d} + \zeta \right) \frac{1}{2g} \cdot \left(\frac{4}{\pi d^2}\right)^2 \right\} Q^2 = kQ^2 \tag{5.37}$$

ここで,k は管路の部分によって決まる損失の程度を表す量である.

$$k = \left(\lambda \frac{l}{d} + \zeta \right) \frac{1}{2g} \cdot \left(\frac{4}{\pi d^2}\right)^2 \tag{5.38}$$

式(5.37)は管路の損失ヘッドが管路の流量の2乗に比例することを意味している.

図5.25のように管路要素が直列にいくつか並んだ場合には,各要素部分 i における損失ヘッド Δh_i は流量 Q について次式で表される.

$$\Delta h_i = k_i Q^2 \tag{5.39}$$

直列では流体はすべての管路要素を流れるので,流路全体における損失ヘッドはすべての損失ヘッドの総和となる.

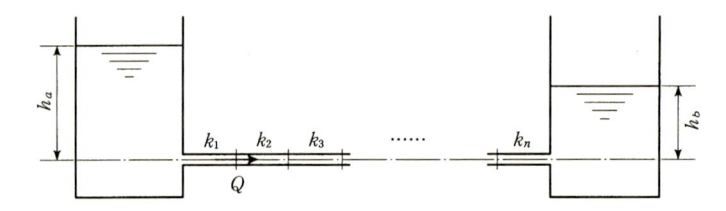

図 5.25 直列管路の損失

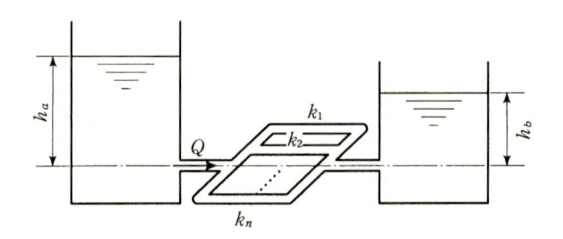

図 5.26 並列管路の損失

5.6 管路網の損失と管路の設計

$$\Delta h = h_a - h_b = \sum \Delta h_i = (k_1 + k_2 + \cdots + k_n)Q^2 \tag{5.40}$$

図 5.26 のように管路要素が並列に並んだ場合には，各要素部分ごとの損失ヘッドは各部分を流れる流量 Q_i について次式で表される．

$$\Delta h_i = k_i Q_i^2 \tag{5.41}$$

管路要素が並んだ場合は，各部分の入口と出口のヘッドが同じとなる．すなわち各部分での損失ヘッドが同じとなる．

$$\left. \begin{array}{l} \Delta h = h_a - h_b = \Delta h_1 = \Delta h_2 = \cdots\cdots = \Delta h_n \\ \therefore \quad \Delta h = k_1 Q_1^2 = k_2 Q_2^2 = \cdots\cdots = k_n Q_n^2 \end{array} \right\} \tag{5.42}$$

さらに各部分の流量の総和が全流量となるので，

$$Q = Q_1 + Q_2 + \cdots\cdots + Q_n \tag{5.43}$$

各部分の損失の係数が大きいと流量が少なく，そのぶん損失の係数が小さい方に多く流れることになる．式 (5.42) と (5.43) から次式を得る．

$$\Delta h = \frac{Q^2}{\left(\dfrac{1}{\sqrt{k_1}} + \dfrac{1}{\sqrt{k_2}} + \cdots \dfrac{1}{\sqrt{k_n}}\right)^2} \tag{5.44}$$

直列の配管においては式 (5.40)，並列の配管においては式 (5.44) が損失ヘッドを表す式であるが，電気回路の直列，並列の関係に類似していることがわかる．

このことから，一般の管路網について，次の 2 つの条件をもとに損失と流量を求めることができる．

条件① 各節点 (図 5.27 の A, B, C, D) に流入する流量は同一点から流出する流量に等しい．

条件② 各要素の閉管路まわり (図 5.27 の管路 ABCDA) の損失ヘッドの和は

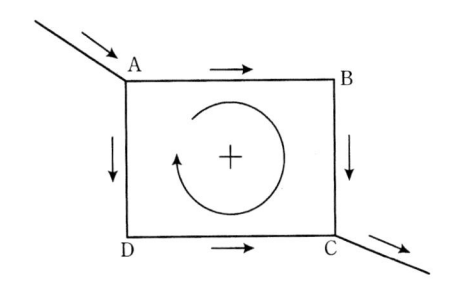

図 5.27 管路網の流れ

ゼロ (0) である．ただし，各管において流れが時計まわりのとき管の損失が $h_i > 0$ とし，反時計まわりのとき管の損失が $h_i < 0$ とする．

これら2つの条件を満足するように各管路の流量が決められる．その1つとして，クロスの方法がある．

1) それぞれの管路について，節点で①の条件を満足するように流量 Q_i' を適当に配分する．

2) 1つの閉管路系をとり，そこでの損失ヘッドの代数和を計算する．

$$\sum h_i = \sum k_i Q_i'^2 \tag{5.45}$$

3) 条件②(損失ヘッドの総和がゼロ)が成り立つかどうかを判断し，成立しない場合には流量の補正量 q を求める．このとき，補正流量 q は，条件①を考慮して1つの閉管路系ではどの管路部分も同じとみなす．
真の流量を Q_i とすると，流量の補正量は $q = Q_i - Q_i'$ となる．真の流量 Q_i が流れると条件②が成立するので，

$$\sum k_i Q_i^2 = \sum k_i (Q_i' + q)^2 = 0 \tag{5.46}$$

補正量 q が小さいとすると，①を満たすことを考慮して上式から q が求まる．

$$q = -\frac{\sum k_i Q_i' |Q_i'|}{2 \sum k_i |Q_i'|} \tag{5.47}$$

この式から補正流量を求め，$Q_i = Q_i' + q$ として，流量の補正を行う．これをすべての閉管路について行う．このとき2つ以上の閉管路に共通な管路部分については，すべての閉管路の補正流量をすべて加えてその部分における補正流量とする．それより，補正した流量 Q_i をもとに 2) の計算から繰り返す．こうして補正流量 q がすべての閉管路について非常に小さくなるまで繰り返す．

〔例題 5.6〕 図 5.28 のような管路網において，A から $0.1\,\mathrm{m^3/s}$ の水が入り，B から $0.05\,\mathrm{m^3/s}$，C から $0.03\,\mathrm{m^3/s}$，D から $0.02\,\mathrm{m^3/s}$ の水が流出するとき，各管を流れる流

図 5.28

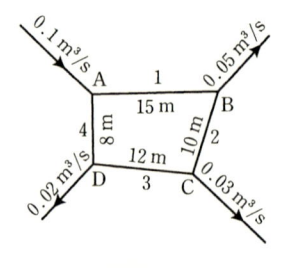

5.6 管路網の損失と管路の設計

量を求めよ．ただし，各管では管摩擦損失以外の損失は無視できるとする．また，各管の長さはそれぞれ 15 m, 10 m, 12 m, 8 m であり，直径 $d=240$ mm, 管摩擦係数 $\lambda=0.02$ はいずれも同じとする．

〔解〕 管路要素の AB, BC, CD および DA の部分をそれぞれ 1, 2, 3, 4 として，式 (5.38) から損失の係数 k_i を求める．
管摩擦損失以外は無視できるので，次式となる．

$$k = \lambda \frac{l}{d} \frac{1}{2g} \cdot \left(\frac{4}{\pi d^2}\right)^2$$

したがって，各管路要素の係数は次のようになる．

$$k_1 = 0.02 \times \frac{15}{0.240} \cdot \frac{1}{2 \times 9.8} \left(\frac{4}{\pi \times 0.24^2}\right)^2 = 31.2$$

同様にして，$k_2 = 20.8, k_3 = 24.9, k_4 = 16.6$ となる．
第 1 回目の近似計算は，まず各管路に流れる流量 Q' を仮定する．
その後，各管路要素における損失ヘッドを計算する．このとき，時計方向を正，逆方向に流れる管路の損失を負にとる．
補正流量 q を計算し，各管路要素の流量の補正を行う．
以上の操作を収束するまで繰り返す．表 5.5 にその計算値を示す．
損失ヘッドの総和もかなり小さく，補正流量も同様に 0 に近くなっている．したがっ

表 5.5 近似計算結果

1 回目の計算

管路要素	係数 k	Q'	h_1	$k_1\|Q'_1\|$	q
AB 管路 1	31.2	0.05	0.0780	1.560	
BC 管路 2	20.8	0	0	0	
CD 管路 3	24.9	-0.03	-0.0224	0.747	
DA 管路 4	16.6	-0.05	-0.0415	0.830	
総　和			0.0141	3.137	
補正流量 q					-0.0023

補正流量が $q = -0.0023$ と若干大きいので同様の計算を再度行う．

2 回目の計算

管路要素	係数 k	Q'	h_1	$k_1\|Q'_1\|$	q
AB 管路 1	31.2	0.0477	0.0710	1.490	
BC 管路 2	20.8	-0.0023	-0.0001	0.048	
CD 管路 3	24.9	-0.0323	-0.0260	0.804	
DA 管路 4	16.6	-0.0523	-0.0454	0.868	
総　和			0.0005	3.210	
補正流量 q					-7.8×10^{-5}

て，この流量が各管路を流れる流量である．すなわち，$Q_1=0.0477$, $Q_2=-0.0023$, $Q_3=-0.0323$, $Q_4=-0.0523$ である．

5.7 混相流れ

前節までは，液体や気体のような流体が単相(single phase)のみ流れている場合の管内の流れについて議論してきた．しかし実際には，下水の中で水と土砂が混在して流れる場合，化学プラントにおけるパウダー状の材料を気体とともに輸送する場合，また熱湯が沸騰する場合に湯と沸騰した蒸気が混在する流れや，排水穴などでは渦巻いた流れの中心に空気を取り込んで，管路の中で液体と気体がともに流れるような場合もある．このような異なる相の流体がともに流れる管路の流れを混相流れ(multiphase flow)という．その中で，液体と気体の混ざった流れは気液二相流，固体と液体の混ざった流れは固液二相流，固体と気体が混ざった流れは固気二相流という．これらは現象が大変複雑で理論的な取り扱いは難しく，現在も数多くの研究がなされている．ここでは，これらの混相流れについて概要を述べる．

固気二相流は気流の中に固体の微小粒子(数 μm から数 mm)がともに流れる状態にある．この場合，気体の密度と固体粒子の密度が 10^3 程度と大きく異なるため，定常流れの状態では一般に粒子の速度は気体の速度に追随できず遅くなっている．

水平管路内の固気二相流では，固体粒子が微小で濃度が低い場合には気相の流れが支配的であり，固体粒子はエアゾルのようにその中に均等に分散されて，ともに流れる状態にある．しかし，固体粒子が大きく濃度が大きくなると，流れは粒子間の相互作用に支配される状態となる．この場合は，固体粒子はときとして均一には分布せず，かたまりを形成するようになる．また，流れの速度が遅くなると，固体粒子はもはやともに流れることができず，底面に堆積するようになる．そのような流れの状態を閉塞限界という(図 5.29)．

固気二相流における圧力損失 $\varDelta P$ は流体単相の場合の圧力損失をもとに次式で示される．

$$\varDelta P = \varDelta P_g + \varDelta P_s \tag{5.48}$$

ここで，$\varDelta P_g$ は気相単独の流れの圧力損失であり，$\varDelta P_s$ は固気二相流により増加した圧力損失で，付加圧力損失と呼ばれる．これは，気体の流れの中にある固

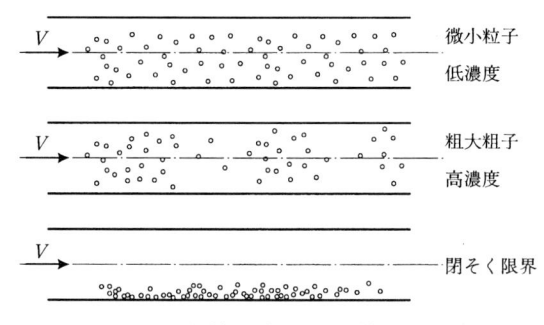

図 5.29 固気二相流の様子

体粒子に働く流体抵抗，粒子に働く重力，また粒子どうしの衝突による損失，粒子の壁面への衝突による損失などによる．

付加損失は，微小粒子で低濃度の場合には気体の流れにおける動圧 ($\rho_g V_g^2/2$) をもとに与えられる．

$$\Delta P_s = \lambda_s \frac{l}{d} \frac{\rho_g}{2} V_g^2 \cdot n \tag{5.49}$$

λ_s はフルード数(第4章参照)と関連して実験により得られる．n は混合比($n = (\rho_s Q_s)/(\rho_g Q_g)$)である．また，粒子が大きく濃度が大きい場合は固相の流れをもとに与えられる．

$$\Delta P_s = \lambda_s \frac{l}{d} \frac{\rho_s}{2} V_s^2 \tag{5.50}$$

この場合も λ_s はフルード数と関連して実験により得られる．また，ρ_s, V_s は固相の密度，速度である．

固液二相流では，固気二相流ほど固相と液相の密度比は大きくないので，固体粒子は液相と同様な流れを示す．しかし，この場合も固体粒子の濃度により流動様相が異なり，濃度が低い場合の均質流れと，濃度が高くなったときに部分的にかたまりになる不均質流れがある．固液二相流における圧力損失も液相単独の場合の圧力損失に固相流れが加わることによる付加圧力損失を考慮することで行われる．

気液二相流では，気体と液体の流量割合によって流れの状態が異なってくる．気体の容積流量が液体の容積流量に比べてかなり少ない場合には，液体の中にわずかに気泡が混在する状態で流れる．さらに気体の流量が多くなると，気泡はま

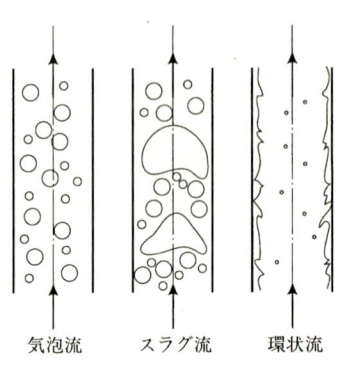

図 **5.30** 気液二相流の様子

気泡流　スラグ流　環状流

とまり合体して大きな流路面積を占めるようになる．さらに気体の流量が多くなると，液体は管壁に押しやられ液膜を構成して流れる．管の中央部分では気体が液滴を伴って流れる（図5.30）．

このような液体と気体が管路断面における占有率を表す量として，ボイド率 (void fraction) とホールドアップ (hold-up) がある．ボイド率 α は流路面積 A のうち気体部分が占める断面積 A_g の割合で定義され，ホールドアップ η は $\eta = 1-\alpha$ となる．

$$\alpha = \frac{A_g}{A} \tag{5.51}$$

また，流れの中のある点に着目したとき，気体または液体の存在時間割合を局所ボイド率，ホールドアップと呼ぶこともある．さらに，全質量流量 G のうち気体の質量流量 G_g が占める割合をクオリティあるいは乾き度 x という．

$$x = \frac{G_g}{G} \tag{5.52}$$

気液二相流における管路内流れでは，おもに液体部分の流れの摩擦が圧力損失の大半を占める．したがって摩擦による圧力損失 ΔP の大きさは，液体のみが単相として流れたときに生じる圧力損失 ΔP_l から与えられる．

$$\Delta P = (1-\alpha)^2 \Delta P_l \tag{5.53}$$

また，ロックハル・マーティネリによる整理式もよく用いられる．

$$\Delta P = \phi_l^2 \Delta P_l = \phi_g^2 \Delta P_g \tag{5.54}$$

ここで，ΔP_g は気体のみが単相として流れたときに生じる圧力損失である．ま

た，ϕ_l, ϕ_g は ΔP_l と ΔP_g の比 $X=\sqrt{\Delta P_l/\Delta P_g}$ によって表される（他書を参照されたい）．一般に，気液二相流になると液体だけの場合より圧力損失が大きくなる傾向にある．

　液体を流すときの注意事項を一言．液体だけを流している場合においても，位置ヘッドの低下や流れの偏りによって管内の最低圧力がその液体の飽和蒸気圧以下（実際には低圧で遊離した気泡が核となって飽和蒸気圧とは異なることがある）になると，液体は相変化を起こして蒸気となる．これをキャビテーション (cavitation) と呼び，キャビテーションが生じると，流れの損失増加や性能低下を招くとともに，振動・騒音の原因ともなり，さらにはキャビテーション消滅時に生じる衝撃波やマイクロジェットによる衝撃圧が固体表面を疲労破壊（これを壊食 cavitation erosion という）させる．したがって管路設計に当たっては，管内の最低圧力値を確認しておく必要がある．

演 習 問 題

5.1 2つの水槽が長さ $l=10$ m，直径 $d=0.25$ m の直管でつながれている．両水槽の水面高さの差は $h=2.0$ m である．次の問いに答えよ．
  (1) 流れの損失が吐き出し損失のみとして，管内流速 V を求めよ．
  (2) さらに，管路の入口で損失係数が $\zeta_{in}=0.5$，管摩擦係数が $\lambda=0.02$ として管内流速を求めよ．

5.2 水槽から水平に置かれた円形の直管（長さ l）を通して水が吐き出される．吐き出し速度を V にするためには，管直径はいくらにしたらよいか．ただし，水槽の水面高さは管中心から h である．また，水槽から円管への入口損失は ζ_{in}，管摩擦係数は λ とする．

5.3 図 5.31 のように，水面高さが 5 m の水槽から管路を通って大気へ水が吐き出される．管路入口は丸くなっており，損失係数が 0.05 と小さい．管路は直径 50 mm の管から，直径 25 mm へ急に縮小したのち，広がり角 $\theta=8°$ でふたたび直径 50 mm に広がっている．この管路の摩擦損失は無視できるとして，水が吐き出される速度を求めよ．

図 5.31

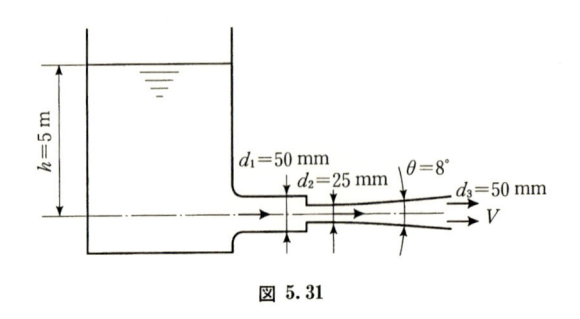

5.4 図 5.32 のような循環式の風洞は，空気がファンにより加圧されたのち循環流れ 1-2-3-4-5-6-7-8 を通り，ふたたびファンへ戻る．管路は 4-5 を除いて直径 6 m，長さ 200 m，管摩擦係数 $\lambda = 0.02$ であり，その部分での速度は 80 m/s である．曲がりの部分はベンドとなっていて，損失係数はいずれも 0.5 である．また，管路 4-5 の部分は直径 3 m で縮流ののち拡大する形状となっている．この部分の損失は，縮流部の動圧を基準として損失係数が 0.1 である．この循環流れ 1 から 8 までの圧力損失は何 Pa か．空気は密度が 1.2 kg/m³ とする．

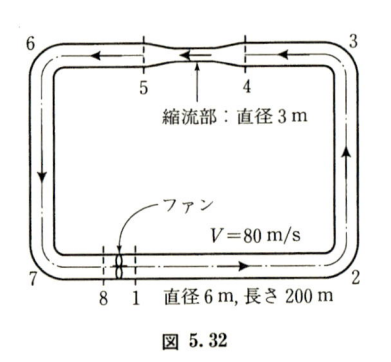

図 5.32

5.5 図 5.33 において，2 つの水槽が管路によって接続されている．両水槽の水面差は h である．管路は，入口では 1 つ，それが 2 つに別れたのち，ふたたび 1 つになって水槽へ吐出する．いずれの管路も直径 d は同じであり，損失係数はそれぞれ $\zeta_1, \zeta_2, \zeta_3$ および ζ_4 である．流量を求めよ．

図 5.33

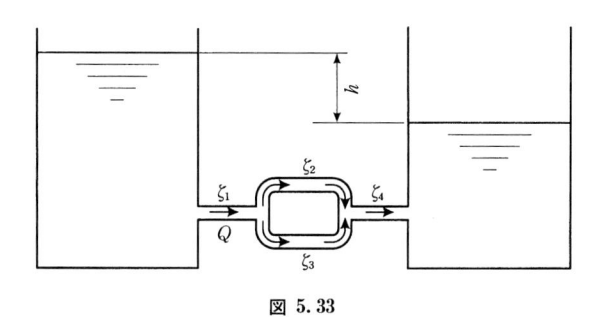

5.6 図 5.34 のような管路網について，配管①，②，③および④を流れる流量を求めよ．ただし，管直径はいずれも 300 mm，管摩擦係数は $\lambda=0.02$ とする．また，管路では摩擦損失以外は無視できるものとする．

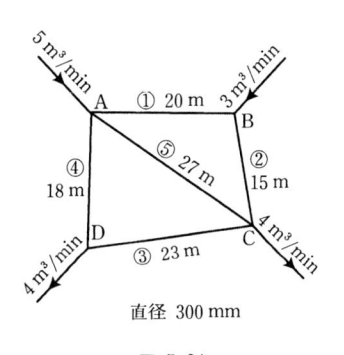

図 5.34

Tea Time

　物事を理解することは難しい．人から教わり理解したと思っても，それはわかったような気がする場合，なるほどと感心する場合，などいろいろである．いずれもそれまでの自分の尺度からあまりはみ出さないところで納得をしようとする．それを，他人に説明するときになると，理解したつもりのことがあいまいで問題がいろいろと湧き出してくる．そうして，自分はあまり理解していなかったことに気づく．あとで使うときにならないと真剣には物事を考えないのか．

　学部の講義は，流体に限らず専門科目はどれも難しい印象がある．振り返ると，高校までの数学や物理などは理論的に体系化されたものをただ１つの正しい筋道のもとに正解を求めることができることを前提にしていた．ところが，大学では理論的に体系化されたところと経験的な関係に基づく部分がともに講義の中に出てくる．こうなると，理論的な取り扱いをしながら経験的な関係を用いる必要がある．そこで，なぜ利用する必要があるのか，またどのように利用するのか．すなわち，両者の関係をはっきりと理解する必要がある．しかしこのことは現象をどうとらえ，どうモデル化するかという難しい問題である．流動工学でもそのような傾向がよく現れていると思う．先人の多くの経験を体系づけたものが多く，単純な見方では難しい．そのことが高校までの教育と大きく違うことと思うが，誰も教えてくれないところがまた難しい．まことに理解するのは難しい．

6. ターボ機械内の流れ

　機械と流体との間でエネルギーの授受を行う機械を流体機械 (fluid machinery) という．流体機械は次のような見方によって分類される．
　1) エネルギーの伝達方向：機械から流体へ伝達するポンプ (pump) や送風機 (fan)・圧縮機 (compressor)，流体から機械へ伝達する水車 (water turbine) やタービン (gas or steam turbine)・風車 (windmill)，さらに流体を介して機械から機械へ伝達する流体継手 (fluid coupling) やトルクコンバータ (torque converter) などに分類される．
　2) 流体の種類：水などの液体を取り扱うポンプや水車，空気などの気体を取り扱う送風機・圧縮機やタービン・風車に分類される．
　3) 作動原理：弁機構とピストンの往復作用によりシリンダー内に吸い込んだ流体を排出してエネルギーの授受を行う容積形 (positive displacement type) と回転する羽根車・翼車を介してエネルギーの授受を行うターボ形 (turbo type) に分類される．熱力学的にいえば，容積形は内部エネルギーと容積変化を伴う閉じた系であり，ターボ形はエンタルピーと圧力の変化を伴う開いた系となる．

6.1 ターボ機械の構造

　作動流体として非圧縮流体である水を考えるとき，ポンプは電動機などにより駆動される羽根車・翼車 (impeller, rotor) を介して水にエネルギーを与えて，その下流にあるタンクや上池などに水を揚送する流体機械であり，水車はタンクや上池から流下する水のエネルギーにより羽根車・翼車 (runner) を回転させて発電機を回す流体機械である．ターボ形の羽根車は，図6.1に示すように，その回転

6. ターボ機械内の流れ

(a) 遠心・半径流形　　(b) 斜流・混流形　　(c) 軸流形

図 6.1　ターボ機械の構造

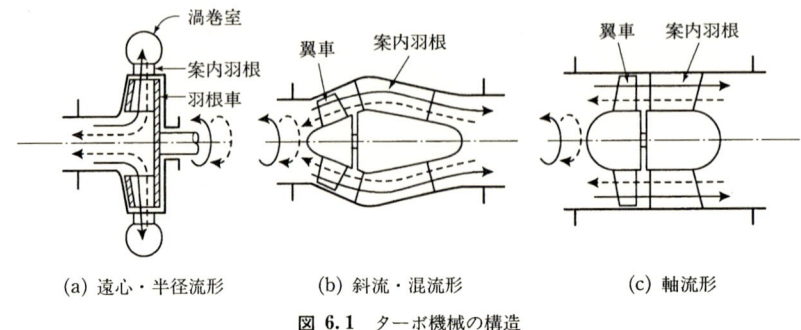

軸に平行に羽根車内を軸方向に流れる軸流形 (axial flow type) と回転軸に垂直に羽根車内を半径方向 (ポンプの場合外向き，水車の場合内向き) に流れる遠心形 (centrifugal type) または半径流形 (radial flow type)，さらに回転軸に対し傾いた方向に流れる斜流形 (diagonal flow type) または混流形 (mixed flow type) がある．図において，実線はポンプの流れを，破線は水車の流れを表す．流体機械の上流・下流には円管が接続されるため，羽根車を納めたケーシングにはベンド (曲がり管) や渦巻室 (スクロール) を付設して，羽根車の流入および流出流れを滑らかに円管内流れに転向させている．

6.2　オイラーヘッドと性能

ターボ形羽根車内における実際の流れは粘性の影響を受けて複雑であるが，ここでは軸対称で定常の単純な流れについて考える．

a. ポンプ羽根車

一定角速度 ω で回転している遠心ポンプの羽根車 (impeller) の入口半径を r_1，羽根高さを b_1 とし，そこでの絶対流速を V_1，周 (正回転) 方向となす角を α_1，出口におけるそれぞれを r_2, b_2, V_2, α_2 として，図 6.2 のように羽根車を囲むようにとった検査体積に対して，第 3 章に示した次式 (3.23) により角運動量保存則を適用する．

$$\sum_{CV} \boldsymbol{r} \times \boldsymbol{F} = \frac{\partial}{\partial t} \int_{CV} (\boldsymbol{r} \times \boldsymbol{V}) dm$$

6.2 オイラーヘッドと性能

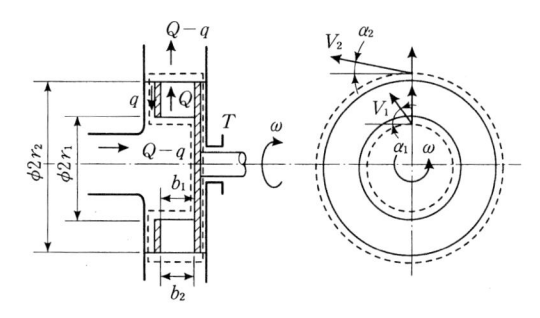

図 6.2 ポンプ羽根車における角運動量保存則

$$+ \int_{S_o} (\boldsymbol{r} \times \boldsymbol{V}) \rho (\boldsymbol{V} \cdot d\boldsymbol{A}) - \int_{S_i} (\boldsymbol{r} \times \boldsymbol{V}) \rho (\boldsymbol{V} \cdot d\boldsymbol{A}) \qquad (3.23)$$

式 (3.23) の左辺は羽根車が流体に与えるトルク T であり,右辺第1項は,いま定常を考えているのでゼロであるから,次のようになる.

$$T = \rho Q (r_2 V_2 \cos \alpha_2 - r_1 V_1 \cos \alpha_1) \qquad (6.1)$$

ここに ρ は流体の密度, Q は体積流量で,連続の式により得られる.

$$Q = 2\pi r_1 b_1 V_1 \sin \alpha_1 = 2\pi r_2 b_2 V_2 \sin \alpha_2 \qquad (6.2)$$

一方,羽根車の入口と出口との間に次式 (3.16) で表されるエネルギー保存則を適用すると,

$$\dot{W}_t = \dot{m} \int_{S_i}^{S_o} \frac{dp}{\rho} + \int_{S_o} \left(\frac{V^2}{2} + gz \right) d\dot{m} - \int_{S_i} \left(\frac{V^2}{2} + gz \right) d\dot{m} + \dot{Q}_f \qquad (3.16)$$

入口と出口の高さの差を無視し,水が非圧縮性流体であることを考慮すると,

$$\dot{W}_t = \rho g Q \left(h_2 + \frac{V_2^2}{2g} \right) - \rho g Q \left(h_1 + \frac{V_1^2}{2g} \right) + \rho g Q h_f \qquad (6.3)$$

が得られる.ここに h_f は損失ヘッド,g は重力加速度である.入口から出口までの全ヘッド上昇量を H とし,$h_f = 0$ のときの全ヘッド上昇量を H_{th} とすれば,単位時間当たりに流体になされる仕事,すなわち動力 $\dot{W}_t$ は次のようになる.

$$\dot{W}_t = T\omega = \rho g Q H_{th} = \rho g Q (H + h_f) \qquad (6.4)$$

式 (6.1) と (6.4) から H_{th} は次のように表される.

$$H_{th} = \frac{U_2 V_2 \cos \alpha_2 - U_1 V_1 \cos \alpha_1}{g} \qquad (6.5)$$

この式をポンプにおけるオイラー (Euler) の式と呼び,H_{th} を理論揚程 (theoretical head) またはオイラーヘッド (Euler's head) という.ここに $U = r\omega$ で,羽

根車周速度である.また,実際に得られる全ヘッド上昇量 H を揚程 (head) といい,ポンプの水力効率 (hydraulic efficiency) は次式となる.

$$\eta_h = \frac{H}{H+h_f} = \frac{H}{H_{th}} \tag{6.6}$$

ポンプに生じる損失には h_f で表される水力損失 (流体力学的損失) のほか,回転している羽根車と静止しているケーシングのすきまを高圧である出口部から低圧の入口部への漏れ流量による漏れ損失 (leakage loss) と軸受やシール部での機械摩擦や羽根を取り付けた円板部が羽根車として流体中に回転する際の円板摩擦などの機械損失 (mechanical loss) がある.羽根車とケーシングとのすきまを通る漏れ流量を q とすれば実際にポンプが揚送する流量は $Q-q$ であり,次式で表される η_v を体積効率 (volumetric efficiency) と呼ぶ.

$$\eta_v = \frac{Q-q}{Q} \tag{6.7}$$

さらに,機械損失を $\dot{W}_f$ とすれば,機械効率 (mechanical efficiency) η_m は次のように表される.

$$\eta_m = \frac{\dot{W}_t}{\dot{W}_t + \dot{W}_f} \tag{6.8}$$

ポンプの効率 η は次式となる.

$$\eta = \eta_h \cdot \eta_v \cdot \eta_m = \frac{\rho g(Q-q)H}{\rho g(Q-q)H_{th}} \cdot \frac{(Q-q)}{Q} \cdot \frac{\dot{W}_t}{\dot{W}_t + \dot{W}_f} \tag{6.9}$$

b. 水車羽根車

一定角速度 ω で回転している半径流形 (フランシス形) 水車の羽根車 (runner) の入口半径を r_1,羽根高さを b_1 とし,そこでの絶対流速を V_1,周 (正回転) 方向となす角を α_1,出口におけるそれぞれを r_2, b_2, V_2, α_2 として,図 6.3 のように羽根車を囲むようにとった検査体積に対する角運動量,流量およびエネルギーの保存式は,ポンプ羽根車と同じで,次のように表される.

$$T = \rho Q(r_2 V_2 \cos \alpha_2 - r_1 V_1 \cos \alpha_1) \tag{6.1}$$

$$Q = 2\pi r_1 b_1 V_1 \sin \alpha_1 = 2\pi r_2 b_2 V_2 \sin \alpha_2 \tag{6.2}$$

$$\dot{W}_t = \rho g Q\left(h_2 + \frac{V_2^2}{2g}\right) - \rho g Q\left(h_1 + \frac{V_1^2}{2g}\right) + \rho g Q h_f \tag{6.3}$$

ポンプの場合,機械エネルギーを流体エネルギーに変換するため,トルク T

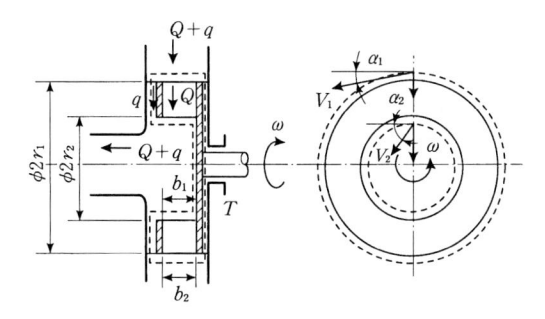

図 6.3 水車羽根車における角運動量保存則

>0,動力 $\dot{W}_t>0$ であったが,水車の場合,流体エネルギーを機械エネルギーに変換するため,トルク $T<0$,動力 $\dot{W}_t<0$ となる.羽根車入口と出口との間の全ヘッド降下量 $H(>0)$ を落差 (head) といい,この落差から損失ヘッドを差し引いたヘッドが羽根車に直接与える理論落差 $H_{th}=H-h_f$ となる.すなわち

$$\dot{W}_t = T\omega = -\rho g Q(H-h_f) = -\rho g Q H_{th} \tag{6.10}$$

式 (6.1) と (6.10) から H_{th} は次のように表される.

$$H_{th} = \frac{U_1 V_1 \cos \alpha_1 - U_2 V_2 \cos \alpha_2}{g} \tag{6.11}$$

この式を水車におけるオイラーの式と呼ぶ.

水車の場合の水力効率 η_h,体積効率 η_v,機械効率 η_m は次のように表される.

$$\eta_h = \frac{H-h_f}{H} = \frac{H_{th}}{H} \tag{6.12}$$

$$\eta_v = \frac{Q}{Q+q} \tag{6.13}$$

$$\eta_m = \frac{|\dot{W}_t| - \dot{W}_f}{|\dot{W}_t|} \tag{6.14}$$

水車の効率 η は次式となる.

$$\eta = \eta_h \cdot \eta_v \cdot \eta_m = \frac{\rho g(Q+q)H_{th}}{\rho g(Q+q)H} \cdot \frac{Q}{(Q+q)} \cdot \frac{|\dot{W}_t| - \dot{W}_f}{|\dot{W}_t|} \tag{6.15}$$

6.3 速度三角形と回転座標系のベルヌーイの式

流体が回転している羽根車に,入口において絶対流速 V_1 が周(正回転)方向となす角 α_1 で流入し,出口において V_2 および α_2 で流出するとき,そこでの周

(a) ポンプ羽根車 (b) 水車羽根車

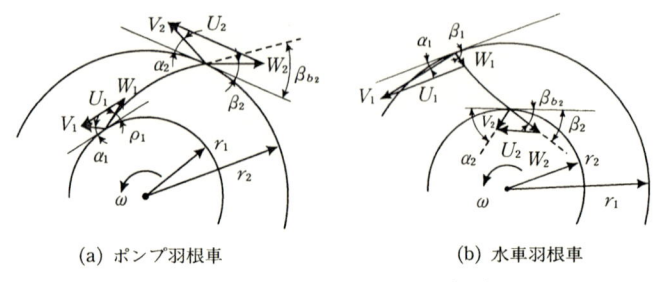

図 6.4 ターボ形羽根車における速度三角形

速度 U_1, U_2 をベクトル的に差し引くことにより，羽根車に相対的な速度(相対速度) W_1, W_2 が求まる．これを図 6.4 のような三角形でベクトル表示したものを速度三角形 (velocity triangle) という．羽根厚みゼロで羽根数が無限枚の理想状態では相対流れが羽根に沿って流出すると考えられるので，相対流速 W_2 の周(逆回転)方向とのなす角 β_2 が羽根出口角 $\beta_{b_2}(=\beta_2)$ にとられる．実際には $\beta_{b_2} > \beta_2$ (ポンプ)，$\beta_{b_2} < \beta_2$ (水車) となる．また入口では，設計流量において $\beta_1 = \beta_{b_1}$ となるように羽根入口角 β_{b_1} が決められる．速度三角形から V と W には次の関係がある．

$$V^2 = (V\cos\alpha)^2 + (V\sin\alpha)^2$$
$$= (V\cos\alpha)^2 + [W^2 - (U - V\cos\alpha)^2]$$
$$= W^2 - U^2 + 2UV\cos\alpha \qquad (6.16)$$

全ヘッド変化量 H (ポンプでは揚程，水車では落差という) とオイラーヘッド H_{th} の間には，ポンプでは式 (6.4)，水車では式 (6.10) の関係があるので，次の式が得られる．

$$\frac{(U_2 V_2 \cos\alpha_2 - U_1 V_1 \cos\alpha_1)}{g} = \left(h_2 + \frac{V_2^2}{2g}\right) - \left(h_1 + \frac{V_1^2}{2g}\right) \pm h_f \qquad (6.17)$$

式 (6.16) を用いて式中の V^2 を消去すれば，次の，損失を伴うときの回転座標系におけるベルヌーイの式を得る．右辺第 2 項∓は，ポンプの場合−，水車の場合+である．

$$\left(h_1 + \frac{W_1^2}{2g} - \frac{U_1^2}{2g}\right) = \left(h_2 + \frac{W_2^2}{2g} - \frac{U_2^2}{2g}\right) \mp h_f \qquad (6.18)$$

また，全ヘッド変化量 H を速度 W, U, V を用いて表すと次のようになる．

$$H = \frac{U_2^2 - U_1^2}{2g} + \frac{W_1^2 - W_2^2}{2g} + \frac{V_2^2 - V_1^2}{2g} \mp h_f \qquad (6.19)$$

式 (6.19) の右辺第1項は遠心力作用によるヘッド上昇 (ポンプ)・降下 (水車) を示し，この項から，軸流形に比べ遠心形のほうが H は高くなること，また水車が半径方向内向き流れをつくり，ポンプが外向き流れをつくる理由がわかる．第2項は相対流れの転向に伴う速度ヘッドの変化分を示し，ポンプの場合は $W_1 > W_2$ の減速流れとなり，水車の場合は $W_1 < W_2$ の増速流れとなる．第3項は絶対流れの速度ヘッドの変化分を示し，ポンプの場合は $V_1 < V_2$，水車の場合は $V_1 > V_2$ となる．

演習問題

6.1 軸流形羽根車における半径一定の断面を周方向に展開した図を描くと，図 6.5 のような直線翼列となる．絶対流入速度 V_1，流入角 $\alpha_1 = 90°$ (予旋回なし流入) のとき，翼列を移動速度 U で動かして揚程 H を得るための翼設計を考えてみる．ただし重力加速度を g，流体の密度を ρ，翼1ピッチ (翼間距離) を t とする．[ねらい：速度三角形，損失，オイラーヘッド，動力]

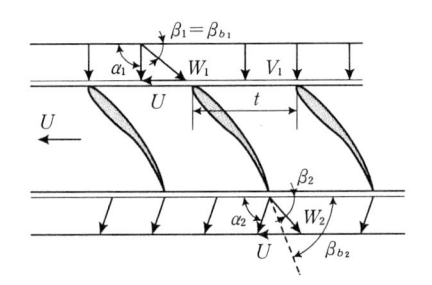

図 6.5 回転直線翼列

(1) 翼入口において無衝突流入 ($\beta_{b_1} = \beta_1$) となる翼入口角 β_{b_1} を求める式を示せ．
(2) 翼列内での損失ヘッドを h_f，偏差角を $\beta_{b_2} - \beta_2 = \delta$ として，翼出口角を求める式を示せ．
(3) 1枚の翼に加わる移動方向とは逆向きの流体力 F_u を求め，$F_u \cdot U = \rho V_1 \cdot t \cdot (H + h_f)$ となることを示せ．

6.2 図 6.6 に示すような羽根高さ一定 ($B_1 = B_2$) の水車羽根車がある．半径 R_1 の入口において絶対速度が回転方向からの角度 α_1 で流入し，半径 R_2 の出口において旋回成分をもたずに流出する ($\alpha_2 = 90°$)．このときの水車回転角速度 ω，落差 H，羽根車内損失ヘッド h_f とし，$R_1, \alpha_1, R_2, \omega, H, h_f$ を用いて，相対流入角 β_1 と流出角 β_2 を求める式を表せ．[ねらい：速度三角形，損失，オイラーヘッド]

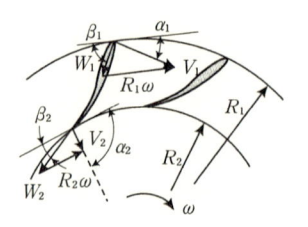

図 6.6　回転円形翼列

─ Tea Time ─

　機械系の学科が3K学科といわれる．ご存じのとおり3Kとは「危険」，「きつい」，「汚い」である．確かに「きつい」．卒業要件単位数は何単位以内に抑えて学生に"ゆとり"をもたせよとの文部省からの指示はあるものの，他学科に比べて学部4年間で修めるべき単位数は多い．それだけ講義にも出なくてはならない．しかも講義に出れば，他の講義との調整もなく宿題・レポートの提出が課せられる．そして工作機械を使った実習や熱機関・内燃機関・流体機械の実験，さらには実際に工場での実習と「危険」と隣り合わせであることは否定できない．私どもが，毎年，新入生に「学生保険に入っておくように」と口を酸っぱくしていうのもここにある．そして，どこの工場見学に行っても，稼働中の工場内はきちんと整理・整頓がなされ，きれいなものであるが，機械技術者が任されている機械のメインテナンスや機械の新規導入などの際にはどうしても油まみれにならざるをえず，「汚れる」ことを避けては通れない．しかしよ～く考えてみよう．資源に乏しいわが国において国を支えるには技術しかない．「技術立国，日本」である．文明生活を支える機械・機器のどれ一つとっても，それ自体を製造すること，さらにはそれを製造するための機械・機器を製造するという行為がなされない限り，文明生活は砂上の楼閣となる．『機械系学科に入ったからには，誰かがしなくてはならない，それらの行為を自らやってやろうという気骨を持とう．』空調が効いた部屋でコンピュータにただ向かって仕事していたのでは，機械工学科に入学した意味がない．実際にものを見，触わっておくことは，すべてにわたって強い．「危険」，「きつい」，「汚い」を克服できなくて，どうしてエンジニアが勤まるであろうか．機械工学を学ぶ読者諸氏の喚起に期待している．ただ，エンジニアの社会的評価が低いのは改めたいものであるが…．

7. 流体計測

　流れ状態を精度よく計測することにより，設計製作された流体に関連した機器が設計どおりの性能を発揮しているかを確認することができ，また機器運転が所定どおりに行われているかを検知・制御することができる．流れ計測 (flow measurement) は流れが引き起こすさまざまな現象の解明にも有用な情報を与えてくれる．また大容量で高速・多機能をもつコンピュータの出現とともに数値流体力学 (CFD) が発展し，さまざまな現象が数値計算により解かれているが，現象をモデル化して取り扱っているため，実際の現象を再現できているかの検証には計算結果と計測結果との比較がつねに必要とされる．

　流れ状態は，圧力 p，密度 ρ，温度 T，内部エネルギー e，エンタルピー i，エントロピー s などの熱力学的状態量のうちのどれか2つの量と，そこでの速度の x, y, z 方向成分 (u, v, w) が定まれば知られる．温度計測は熱力学・伝熱学の他書に譲ることにして，この章では圧力，流速，流量の計測法について述べる．さらに流れの可視化技術や騒音計測についても紹介する．また，開水路における流れについても，章題からしてここで取り上げることはやや不適当とも思われたが，この章で概説する．

　ここで計測の不確かさ (measurement uncertainty) について注意を一言．それは，計測データには必ず誤差が含まれているということである．したがって，計測においてはつねにその値の有効数字 (significant figure) と誤差 (error) を明確に把握しておかねばならない．さらに，いくつかの計測値を用いて解析しようとすれば，誤差の伝播則を用いた誤差見積もりも必要となる．

7.1 圧 力 測 定

　圧力計測にはどのように取圧するか，計測器に何を使うか（流れが定常か非定常か），その圧力をどのように表示するのかを考えておかねばならない．
　流れに接した壁面での静圧を計測するとき壁面に垂直な取圧孔をあける．しかしその孔形状によって図7.1に示すように誤差が含まれる．図中に示す数値は，動圧に対する誤差を％で示したものである．また計測点の圧力を導管により圧力計まで導いて計測する場合，圧力計位置と計測点との高さ補正が必要となる．さらに，圧力は，絶対真空を基準にした絶対圧 (absolute pressure) と大気圧を基準としたゲージ圧 (gauge pressure) の2通りの表し方があり，いずれを表しているのかを区別して使わねばならない（第2章を参照のこと）．

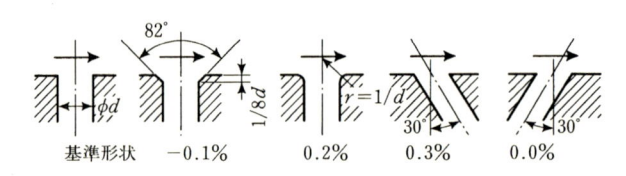

図 7.1 取圧孔形状と圧力計測誤差

a. 液柱計形圧力計

　液柱計形圧力計（マノメータ manometer）は異種液体との重量的な直接釣り合いを計測原理としており，管壁に液柱を立てて大気圧などの周囲圧とのヘッド差を求める液柱計，作動流体とは異なる密度をもつ液体を U 字管または逆 U 字管マノメータに封入し，その両端に2点の圧力を導いて封入液体の水面差を計測する示差マノメータ (differential manometer)，さらに，原理は示差マノメータと同じであるが，U 字管の一端には断面積比が大きく異なる容器を用い，他端には狭い管を傾斜させて，圧力変化に対する水面差の変化を増幅させた傾斜マノメータ，基準となる圧力を断面積の大きな一端に導き，他端を枝別れさせて多管にし，多くの計測点での圧力をそれぞれに導いて各液面差を同時計測する多管マノメータなどがある．

　〔例題 7.1〕　水（比重量 γ_w）と水銀（比重量 γ_m）を封入した示差マノメータによって油（比重量 γ_o）で満たされた2つの容器内の点 A と B の間の圧力差を測定したところ，それぞれの液面差が図 7.2 のように h_1, h_2, h_3 となった．圧力差 $p_A - p_B$ を求める式を示

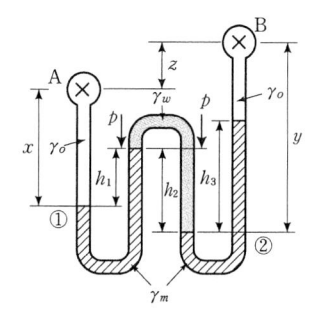

図 7.2 示差マノメータによる差圧計測

せ．ここで，比重量（specific weight）とは密度と重力加速度の積である．

〔解〕 U字管を構成する2つの断面（①，②）で圧力の釣り合い式を立てる．
断面①において，
$$p_A + \gamma_o x = p + \gamma_m h_1 \tag{a}$$
断面②において，
$$p + \gamma_w h_2 = p_B + \gamma_o(y - h_3) + \gamma_m h_3 \tag{b}$$
ここで x は断面①から点Aまでの高さ，y は断面②から点Bまでの高さであり，
$$x - y = h_1 - h_2 - z \tag{c}$$
式(a)～(c)を整理して，
$$p_A - p_B = \gamma_m(h_1 + h_3) - \gamma_w h_2 + \gamma_o(z + h_2 - h_1 - h_3) \tag{d}$$

〔例題 7.2〕 U字管の一方を断面積 A のタンクとし，他方を断面積 a の細管にして水平から角度 θ だけ傾斜させたマノメータがある．両液面上に Δp の圧力差をつけたとき，両液面上の圧力が同じで同一高さにあるときから細管内の液面が長さ l だけ移動した（図 7.3）．このときの l と両液面高さの差 $(h_1 + h_2)$ との比を拡大率 $l/(h_1 + h_2)$ と定義して，拡大率を表す式を求めよ．ただし，液体の密度を ρ，重力加速度を g とし，液面上のガスの密度 ρ_o は無視できるものとする．

〔解〕 容積保存の関係から
$$Ah_2 = ah_1 \tag{a}$$

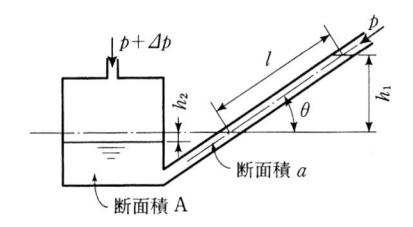

図 7.3 傾斜マノメータによる圧力読み取り精度の向上

次に圧力の釣り合いから

$$\varDelta p + \rho_o g h_2 = \rho g (h_1 + h_2)$$

ここで $\rho \gg \rho_o$ であるから

$$\varDelta p = \rho g (h_1 + h_2) = \rho g l \sin \theta \left(1 + \frac{a}{A}\right) \tag{b}$$

したがって

$$l/(h_1 + h_2) = 1 \Big/ \left[\sin \theta \left(1 + \frac{a}{A}\right)\right] \tag{c}$$

さらに $A \gg a$ の場合，$\varDelta p = \rho g l \sin \theta$ となる．

b. 弾性形圧力計と圧力変換器

弾性形圧力計 (elastic piezometer) は受圧部に弾性体を用い，圧力による弾性変形を利用して指針を動かして，あらかじめ検定された目盛りの針が指す値を読むもので，ブルドン管式，ベローズ式，ダイアフラム式の圧力計がある (図 7.4)．

圧力変換器 (pressure transducer) には電気抵抗形，圧電形，静電容量形があり，電気抵抗形は，測定圧力をダイアフラムに貼った歪みゲージや半導体にかけることにより抵抗を変化させて電気信号に変換し，ホイートストン・ブリッジ回路 (Wheatstone Bridge circuit) を利用して検出する．液柱計形や弾性形が定常圧力の計測に使われるのに対し，圧力変換器は非定常流れにおける瞬時圧計測に適している．この場合，圧力孔から導管・圧力センサまでの計測システムの周波数応答 (frequency response) を把握しておかねばならない．

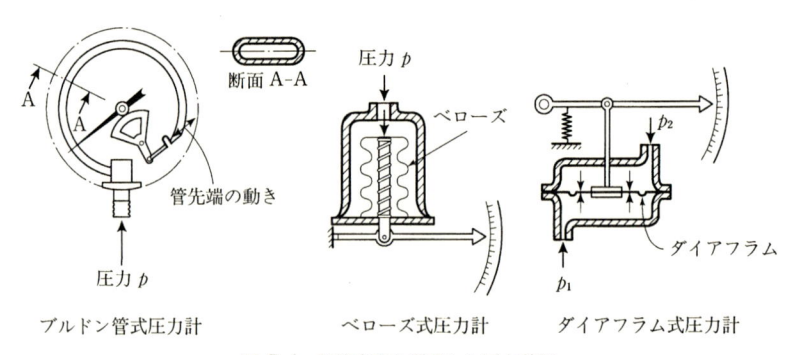

図 7.4 弾性変形を利用した圧力計測

7.2 流速測定

流れ場の局所的な流速を計測しようとするとき，流れ場の何を知ろうとしているのか，たとえば断面の流速分布(velocity distribution)や流量(flow rate)，流速変動(velocity fluctuation)や乱れ(turbulence)などによって以下に述べる流速測定機器を使い分ける必要がある．

a. ピトー管

定常流では流れがもつ静圧と動圧の和は保存されることを表した，ベルヌーイの式を応用した流速測定にピトー管(Pitot tube)がある．図7.5に標準形ピトー管の形状を示す．方向が既知で流速が不明である流れにピトー管を正対させて置く．管の先端は速度ゼロのよどみ点(stagnation point)となるので，そこに設けた取圧孔では全圧 p_t が，管側壁は流れに平行になるので，そこに設けた取圧孔では静圧 p_s が計測される．両者の圧力差を読み取れば，流速 V は次式により算出される．

$$V = c\sqrt{\frac{2(p_t - p_s)}{\rho}} \tag{7.1}$$

また圧縮性流体の等エントロピー変化する亜音速流(マッハ数 $M<1$)では，

$$V = \sqrt{\frac{2\kappa R T_o}{\kappa - 1}\left\{1 - \left(\frac{p_t}{p_s}\right)^{(\kappa-1)/\kappa}\right\}} \tag{7.2}$$

ここに，c はピトー管係数(標準形では $c=1.0$)，ρ は流体の密度，κ は比熱比，R はガス定数，T_o は全温度である．

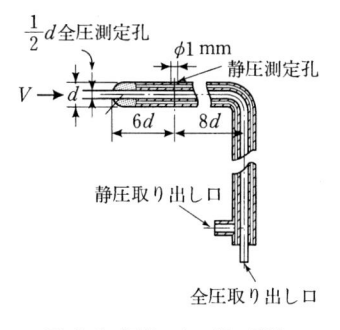

図7.5 標準ピトー管の形状

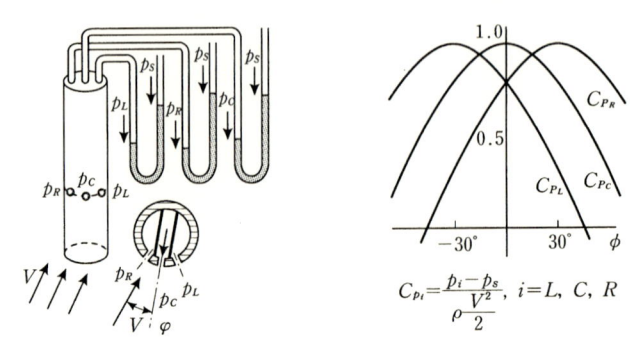

図 7.6 3孔ヨーメータと較正曲線

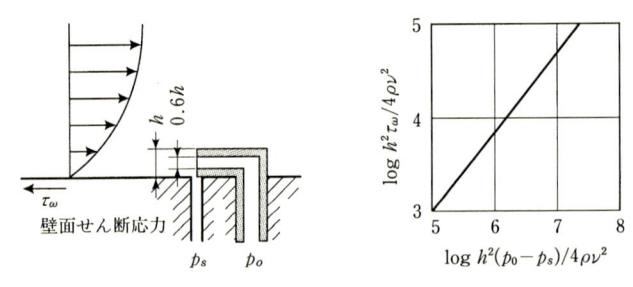

$$C_{p_i} = \frac{p_i - p_s}{\rho \frac{V^2}{2}}, \quad i = L, C, R$$

図 7.7 プレストン管による壁面せん断応力計測

　流れの方向も流速も不明な流れにおいて，流速を求める2つの取圧孔による圧力差に加えて，二次元流れの場合には，その平面内に取圧孔をもう1つ設け，3つの取圧孔があれば取圧孔間どうしの圧力差の比から方向を定めることができる（図7.6）．さらに三次元流れの場合には，その平面と垂直な面にさらに2つの取圧孔を設けることにより，垂直面内での方向を定めることができる．これを多孔ピトー管またはピトー管取圧部を流れ方向に回転させるためヨーメータ(yawmeter)と呼ぶ．その取圧部には，円筒形，鍵形，球形，コブラ形が用いられる．この場合，計測流れとレイノルズ数を一致させた較正流における各取圧孔間圧力差と流速および方向との関係を検定しておく必要がある．

　壁面のごく近くの流速や壁面せん断応力の測定には，細管を横に押しつぶした全圧孔を用いたスタントン管(Stanton tube)やプレストン管(Preston tube，図7.7)が使われる．

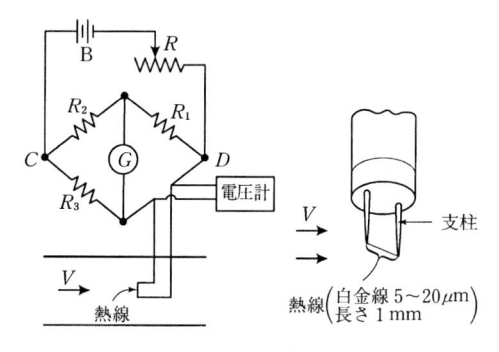

図 7.8 熱線流速計の構造と測定原理

b. 熱線流速計

ピトー管による流れ計測では速度と同時に静圧を知ることができるため，非定常流れや脈動流れに対しても，取圧孔のごく近傍に小型圧力変換器を設置したピトー管による計測が可能である．しかし，取圧部まわりの流れが定常とは異なってくるため，大きな誤差をもつことになる．そこで非定常流や脈動流計測では，流れの中に置かれた加熱細線の熱伝達による電気抵抗の変化を利用した熱線流速計 (hotwire anemometer) が用いられる．図 7.8 にその電気回路とプローブ部を示す．加熱量 W と流速 V は，流体温度 T の変化が小さいとき，キングの式 (7.3) により関係づけられている．

$$W = R_w I^2 \propto (A + B\sqrt{V})(T_w - T) \tag{7.3}$$

ここで R_w は熱線の抵抗，I は電流，$R_w I^2$ はジュール熱，T_w は熱線温度で，A, B は実験定数である．熱線流速計には定電流形と定温度形があり，後者のほうが計測周波数範囲が広い．熱線流速計は気流に対して用いられ，液流に対しては熱膜流速計 (hot film anemometer) が用いられる．

c. レーザ・ドップラ流速計

レーザ・ドップラ流速計 (laser-Doppler velocimeter, LDV) は，レーザ光を流体とともに流れる微細粒子に照射し，その散乱光をフォトマルで受けて，ドップラ効果によって生じる散乱光周波数の変化から速度を算定するものである．干渉縞方式では，図 7.9 のように，同一光源から出た波長 λ のレーザ光を 2 本に分割し，測定点においてビームを交差させて，交差部に干渉縞をつくる．流速

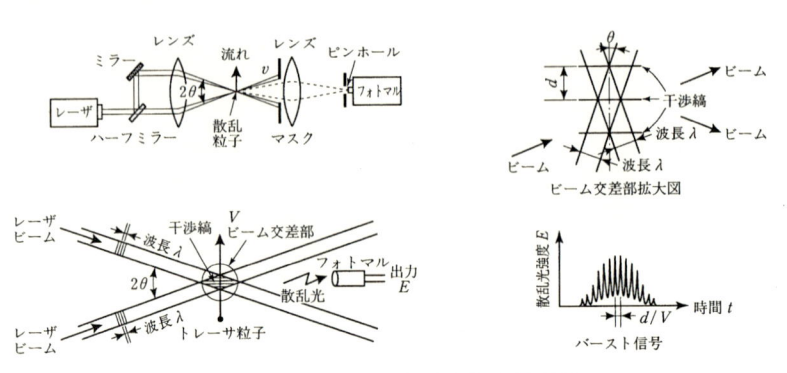

図 7.9 レーザ・ドップラ流速計の測定原理

V の微細粒子が干渉縞の明るい部分を通過するたびに生じる散乱光の強度変化(バースト信号)をフォトマルで受け,そのバースト信号の周波数 f から次式により流速を算出する.ここにレーザ光のビーム交差角を 2θ,干渉縞の間隔を d とする.

$$V = f \cdot d = \frac{f \cdot \lambda}{2 \sin \theta} \tag{7.4}$$

7.3 流量測定

流れの中にある断面を考え,その断面を単位時間に通過する流体の量を流量(flow rate)といい,体積・質量・重量のかたちで表される.

a. 絞り流量計

管路の途中にオリフィス板(orifice plate)やノズル(nozzle),ベンチュリ管(Venturi tube)などの絞りを設け(図 7.10),その前後の圧力差 Δp を検出して,次式により体積流量 Q を求める.

$$Q = \alpha \varepsilon \frac{\pi d^2}{4} \sqrt{\frac{2\Delta p}{\rho}} = C_d E \varepsilon \frac{\pi d^2}{4} \sqrt{\frac{2\Delta p}{\rho}} \tag{7.5}$$

ここに α は流量係数(flow coefficient), ε は膨張補正係数(液体では $\varepsilon = 1.0$), ρ は絞り上流側における流体の密度, d は絞り部の内径であり,管内径 D ではないので注意しておく.流量係数 α は流出係数(coefficient of discharge) C_d と近寄り速度係数 E の積 $(\alpha = C_d \times E)$ であり,さらに流出係数 C_d は実際の流速 V

7.3 流量測定

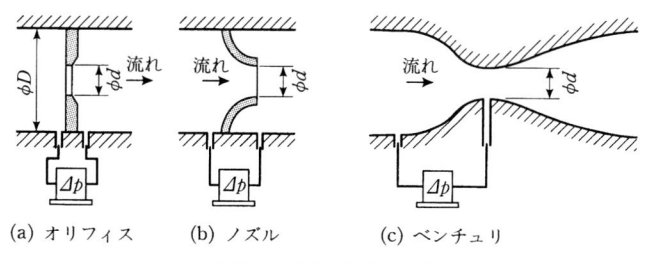

図 7.10 絞り流量計の形状
(a) オリフィス (b) ノズル (c) ベンチュリ

と圧力差から求まる理論速度との比を表す速度係数 C_v と流れの有効断面積と実際の断面積との比を表す収縮係数 C_c との積 ($C_d = C_v \times C_c$) からなる．また流量係数 α は絞り比 d/D と管レイノルズ数 $Re = VD/\nu$ の関数であり，JIS Z 8762 において定められている．

b. 電磁流量計と超音波流量計

磁界に直角方向に電導性流体を流したとき2つの方向と直角な方向に起電力が生じることは，ファラデーの電磁誘導の法則またはフレミングの右手の法則として知られ，電磁流量計 (magnetic flowmeter) はこの原理に基づいている (図 7.11(a))．磁束密度 B[Wb/m²] の磁界を内径 D[m] の管にかけ，起電力 E[V] を計測すれば，次式により体積流量 Q を得る．

$$Q = \frac{\pi}{4}\frac{D}{B}E \quad [\text{m}^3/\text{s}] \tag{7.6}$$

超音波流量計 (ultrasonic flowmeter) は，送受信器2台 A, B を管軸に θ 傾けて図 7.11(b) のように置き，管内流速による伝播速度の違いを利用して，体積流量を次式により算出する方法である．ここに，t_{AB} は上流側 A から発信して

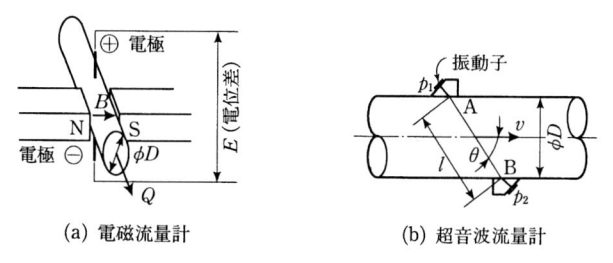

図 7.11 電磁流量計と超音波流量計の測定原理
(a) 電磁流量計 (b) 超音波流量計

下流側 B で受信するまでの時間，t_{BA} はその逆である．

$$Q = \frac{\pi D^2}{4} \frac{l}{2\cos\theta} \left(\frac{1}{t_{AB}} - \frac{1}{t_{BA}} \right) \tag{7.7}$$

c. 面積式および容積式流量計

　管内断面積が流れ方向に広がっている鉛直な円錐管（テーパ管）に浮子を入れ，流れが浮子に及ぼす流体力と浮子の重量とを釣り合わせて浮子を静止させる．流体力は流量によって変化するので，静止位置を環状すきまにより調節し，その位置から流量を読み取る．これを浮子式面積流量計 (rotameter) といい図 7.12 に示す．絞り面積の変化を利用したものに，浮子式のほか，ピストン式やゲート式がある．

　大きな容器に流体をためて，ある体積または重量までためるのに要した時間を計測する方法がある．この場合，流体の温度と圧力を測り，標準状態への換算が必要となる．この間欠的な計測を連続的に行う流量計として，容積流量計 (positive displacement flowmeter) がある．ピストンや回転子などの可動部とケーシングとの間に一定の容積を閉じ込めて，可動部の移動・回転により連続的に押し出すことにより流量を測る．1 サイクル当たりの吐き出し量を V，単位時間当たりの回転またはストローク数を n とすれば，

$$Q = n \cdot V \tag{7.8}$$

となる．これには，ルーツ形やオーバル歯車形などがある．

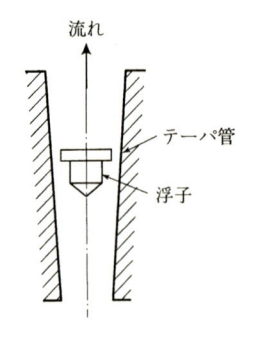

図 7.12 浮子式面積流量計

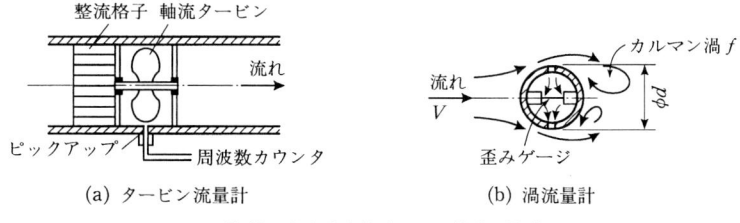

図 7.13 翼車式流量計と渦流量計の構造

(a) タービン流量計　(b) 渦流量計

d. 翼車式流量計および渦流量計

流れの中に翼車を置くと，翼車は流量に比例した回転数で回転する．これを翼車式流量計またはタービン流量計 (turbine flowmeter) といい (図 7.13 (a))，回転数 n を計測することにより次式より流量 Q を得る．ここに k は比例定数である．

$$Q = n \cdot k \tag{7.9}$$

流れの中に円柱や三角柱の鈍頭体 (blunt body) を置くと，下流にカルマン渦 (Karman vortex) を放出する．平均流速を V，鈍頭体の代表長さを d，そして渦の放出周波数を f とすれば，レイノルズ数 $Re = V \cdot d / \nu$ は $3 \times 10^2 \leq Re \leq 1 \times 10^5$ の範囲ではストローハル数 $St = f \cdot d / V = 0.2$ となることから，渦の放出周波数を電気的にとらえ，それより流速および流量を測定する方法がある．これを渦流量計 (eddy flowmeter) という (図 7.13 (b))．

7.4 開水路の流れ

大気との境界面 (自由表面) をもつ液体の流れを開水路または開きょの流れ (conduit flow, open channel flow) といい，重力の作用により流れが生じる．

a. 水路勾配と流速公式

図 7.14 のように断面形状と底面の勾配角 θ が一定の水路内を，水深が場所的に変化しない定常な流れを等流 (uniform flow) という．任意の距離 l だけ離れた 2 断面間の流れについて流れ方向の運動量保存則を考えると，その間の液体の重量と壁面から受ける摩擦力との釣り合いを表す次式を得る．ここに ρ は流体の密度，g は重力加速度，A は流れの断面積，s は流体が壁に接するぬれ縁長さ，τ_w は壁面せん断応力のその区間における平均値である．

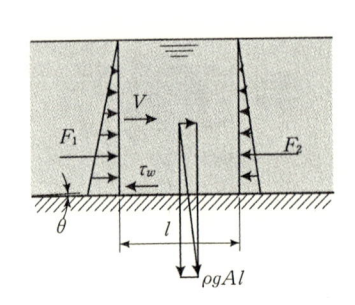

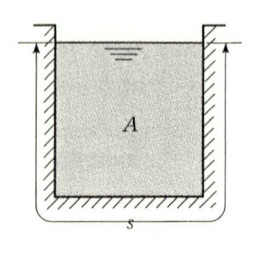

図 7.14 開水路の流れ

$$\rho g A l \sin\theta = \tau_w s l \tag{7.10}$$

τ_w を摩擦係数 f を用いたファニング (Fanning) の式 $\tau_w = f(\rho V^2/2)$ で表すと，式 (7.10) から水路断面平均流速 V は次のようになる．ここに m は水力平均深さ (hydraulic mean depth) $m=A/s$, i は勾配 $i=\tan\theta \fallingdotseq \sin\theta$ である．

$$V = \sqrt{\frac{2g}{f} m \cdot i} = C\sqrt{m \cdot i} \tag{7.11}$$

この式はシェジー (Chezy) の公式と呼ばれる．流速係数 C は水路形状によって異なる．また，最近は壁面の状態を考慮した次に示すマニング (Manning) の式がよく用いられている．ここに n は壁面粗さを表す粗度係数である．

$$V = \frac{1}{n} m^{2/3} \cdot i^{1/2} \tag{7.12}$$

b. 常流・射流と跳水

水深 h と流速 V の水路流れにおいて，底面から z の高さの流体と水面上の流体とのエネルギーの関係は次式で表される．ここで z_0 は基準面からの水路底の高さである．

$$H = \frac{V^2}{2g} + \frac{p}{\rho g} + z + z_0 = \frac{V^2}{2g} + \frac{p_a}{\rho g} + h + z_0 \tag{7.13}$$

p_a は界面上の気圧で流れ方向に一定であるから，全ヘッド H は z によらず一定となる．水路底を基準とした動ヘッドと水深との和 E を比エネルギー (specific energy) といい，これを，水路幅 b が一定の長方形水路に対して流量 $Q=A \cdot V$ を用いて表すと次式となる．ここで θ は底面の勾配角である．

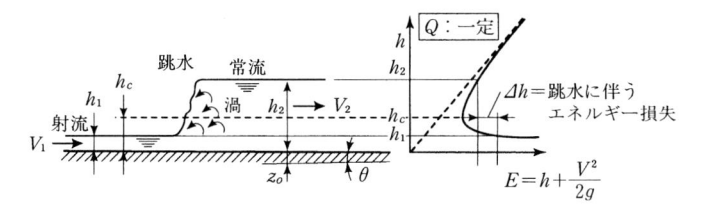

図 7.15 射流・常流と比エネルギー

$$E = h + \frac{Q^2}{2gb^2\cos^2\theta}\frac{1}{h^2} \tag{7.14}$$

水深と流速が水路に沿って変化する定常な流れを不等流 (non-uniform flow) といい, 流量が一定であるこの流れに対して, 比エネルギーと水深の関係を表すと図 7.15 を得る. 式 (7.14) を h で微分して, 比エネルギーが最小となる水深 h_c を求めると,

$$h_c = \left(\frac{Q^2}{gb^2\cos^2\theta}\right)^{1/3} \tag{7.15}$$

を得る. このとき,

$$E_{min} = \frac{3h_c}{2}, \qquad V_c = \sqrt{gh_c} \tag{7.16}$$

である. 水深 h_c を臨界水深 (critical depth), V_c を臨界流速と呼び, $h > h_c$ ($V < V_c$) の流れを常流 (tranquil flow, subcritical flow), $h < h_c$ ($V > V_c$) の流れを射流 (rapid flow, supercritical flow) という. 流体の慣性力と重力の比で表されるフルード数 (Froude number, 第 4 章参照) $Fr = V/\sqrt{gh}$ に対して, $Fr < 1$ のとき常流, $Fr > 1$ のとき射流となる. また底面の傾斜が緩やかな場合には常流が, 急な場合には射流の流れが現れる. 射流は不安定であり, 水路中の障害物や底面の傾斜の変化によって減速する場合, 跳水 (hydraulic jump) と呼ばれる水面の急激な上昇が生じ, 突然常流に移る. さらに水深 h の水面に発生した波の伝播速度 a は, h が小さいとき $a = \sqrt{gh}$ で表されるので, フルード数 $Fr = V/\sqrt{gh}$ は, 流れの速度 V と波の伝播速度 a との比を表すマッハ数 (Mach number, 第 4 章参照) と等価となり, 常流から射流への変化は, 圧縮性流体の流れにおいて生じる衝撃波前後の超音速から亜音速流れへの変化と類似した現象と考えることができる.

〔例題 7.3〕 図 7.15 のような幅 b の長方形断面の水平水路において跳水が生じ, 水

深が h_1 から $h_2(>h_1)$ に変化した．この跳水に伴って失う損失ヘッド Δh を求めよ．

〔解〕 まず連続の式は

$$Q = bh_1 V_1 = bh_2 V_2 \tag{a}$$

次に壁面摩擦を無視すれば，運動量保存の式は

$$\rho bh_2 V_2^2 - \rho bh_1 V_1^2 = \rho g \frac{h_1}{2} bh_1 - \rho g \frac{h_2}{2} bh_2 \tag{b}$$

式 (b) に式 (a) を代入して変形整理すれば，

$$\left\{ \frac{h_1 + h_2}{2} - \left(\frac{Q}{b}\right)^2 \frac{1}{gh_1 h_2} \right\} (h_1 - h_2) = 0 \tag{c}$$

$h_2 > h_1$ を考慮して左辺の { } =0 より，

$$h_2 = \frac{h_1}{2}(-1 + \sqrt{1 + 8Fr_1^2}) \tag{d}$$

ここで $Fr_1 = V_1/\sqrt{gh_1}$ であり，$h_2 > h_1$ であるためには $Fr_1 > 1$ (射流) でなくてはならないことがわかる．

跳水に伴って生じる損失ヘッドは次のように得られる．

$$\left(h_1 + \frac{V_1^2}{2g}\right) - \left(h_2 + \frac{V_2^2}{2g}\right) = \frac{(h_2 - h_1)^3}{4 h_1 h_2} \tag{e}$$

c. 堰による流量計測

開水路に開口部をもった板を挿入して流れをせき止める設備を堰(weir) という．堰を越す流体に対して (図 7.16 に三角堰について示す)，自由表面から z だけ鉛直下方にある流体にベルヌーイの式を用いると，

$$\frac{p_a}{\rho} + \frac{v^2}{2} + g(h-z) = \frac{p_a}{\rho} + gh, \quad v = \sqrt{2gz} \tag{7.17}$$

z の位置の開口幅を $b(z)$ とすれば，流量 Q は次式により得られる．

$$Q = C \int_0^h b(z) \sqrt{2gz}\, dz \tag{7.18}$$

ここで C は流量係数と呼ばれる補正係数である．堰には，開口部の形状により

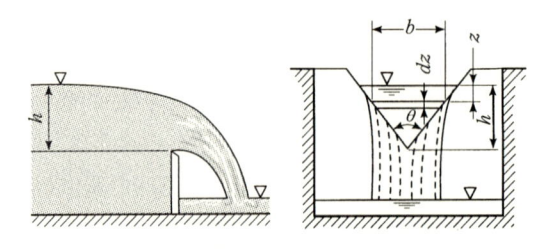

図 7.16 堰を通過する流れ

三角堰,四角堰,全幅堰などがあり,実在流体に対する流量計算式が規定(JIS B 8302 参照)されている.

7.5 流れの可視化

目視できない流体の挙動を画像情報としてとらえ,解析に用いることを流れの可視化(flow visualization)といい,流れを構造的に把握し,現象を解明するうえできわめて有用な方法である.

a. 流線・流脈・流跡

ある瞬間における各流体粒子の速度ベクトルの方向を連ねた包絡線を流線(stream line)といい,座標系(x, y, z)の各方向の速度成分(u, v, w)をもつ流体粒子に対して数式的に表せば,

$$\frac{dx}{u}=\frac{dy}{v}=\frac{dz}{w} \tag{7.19}$$

となる.流れとともに動く1つの粒子を追いかけて,その時間経過に伴う軌跡を描いた線を流跡(path line)という.また流れの中に粒子注入点を決め,ある時刻において,その1点から連続的に放出された粒子の位置を連ねた線を流脈(streak line)という.流線がある瞬間における流れの挙動をオイラー的にとらえるのに対し,流跡はある経過時間における挙動をラグランジュ的にとらえることができる.定常流れの場合には,流線・流脈・流跡は一致する.

〔例題 7.4〕 ある時刻tにおけるxおよびy方向の速度成分が,

$$u=\frac{dx}{dt}=\frac{x}{1+t}, \qquad v=\frac{dy}{dt}=y$$

で表される二次元流れがある. (1) ある時刻t_oにおいて(x_o, y_o)を通る流線を示す式,(2) $t=t_o$において(x_o, y_o)を通過した粒子の時刻tまでの流跡を示す式,および, (3) (x_o, y_o)において放出された粒子の時刻t_oにおける流脈を示す式をそれぞれ求めよ.

〔解〕 流線は$dx/u=dy/v$の式に与えられた関係を当てはめ,$t=t_o=$一定とおいて次の積分を行えば求まる.

$$\int_{x_o}^{x}\frac{dx}{x/(1+t_o)}=\int_{y_o}^{y}\frac{dy}{y}, \qquad \frac{y}{y_o}=\left(\frac{x}{x_o}\right)^{1+t_o} \tag{a}$$

流跡を得るには,次のように,まずxおよびyの時間変化を求め,両式よりtを消去すればよい.

$$\int_{x_o}^{x} \frac{dx}{x} = \int_{t_o}^{t} \frac{dt}{1+t}, \quad x = x_o \frac{(1+t)}{(1+t_o)} \tag{b}$$

$$\int_{y_o}^{y} \frac{dy}{y} = \int_{t_o}^{t} dt, \quad y = y_o e^{t-t_o} \tag{c}$$

$$y = y_o \exp\left[\left(\frac{x}{x_o} - 1\right)(1+t_o)\right] \tag{d}$$

流脈は任意の時刻 t において粒子が (x_o, y_o) を通ったことを考えれば次のようになる.

$$\int_{x_o}^{x} \frac{dx}{x} = \int_{t}^{t_o} \frac{dt}{1+t}, \quad x = x_o \frac{(1+t_o)}{(1+t)} \tag{e}$$

$$\int_{y_o}^{y} \frac{dy}{y} = \int_{t}^{t_o} dt, \quad y = y_o e^{t_o-t} \tag{f}$$

$$y = y_o \exp\left[\left(1 - \frac{x_o}{x}\right)(1+t_o)\right] \tag{g}$$

b. 可視化技術

流れの可視化にはきわめて多くの方法が用いられ,可視化の対象によって手法の適・不適があるので,事前に十分な検討を必要とする.各手法の具体的な説明は他書に譲り,ここでは概要を示す(図 7.17).

流体がもつ粘性により壁面では速度がゼロとなるため,壁面近傍に大きな速度勾配が現れたり,流れの剝離(流れ方向の圧力勾配により逆流を伴う現象)を引き起こす.壁面に塗布,溶着された物質の壁面近傍の流れによってもたらされる形状や状態の変化を観察して流れの挙動をとらえる手法を壁面トレース法(trace technique on wall surface)という.それには,油膜法・油点法・昇華法・

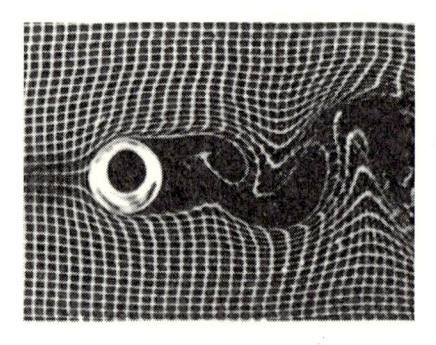

(a) 円柱まわりの流れにおけるタイムラインと流脈(注入トレーサ法)　　(b) デルタ翼上面の油膜流(壁面トレース法)

図 7.17　流れの可視化写真(日本機械学会編:写真集流れ,丸善より)

塗膜溶解法・感温塗料法などがある．

　流れの中の着目する断面に適当な長さの糸を挿入し，その一端を固定して糸の方向やその振れからを流れを知る手法をタフト法という．

　流れの中に直接，目視できる粒子（トレーサ）を流して流線や流跡を求める方法を注入トレーサ法（tracer technique in flow）といい，水流に対しては油滴やアルミ粉，ガラスビーズ，グラファイト粉などの固体粒子が，気流に対してはシャボン玉，パラフィン油ミストなどが用いられる．それには直接注入法・懸濁法・表面浮遊法，タイムライン法などがある．トレーサ粒子には，浮力や重力の影響を避けるために微小で密度が流体に近い物質が選ばれる．

　そのほか，流体と壁面あるいは流体と注入流体に異種の物質を用いて反応による発色を利用する化学反応法や，水素気泡法・火花追跡法・スモークワイヤ法などにより発生させたトレーサ物質の挙動を観察する電気制御法などがある．

7.6 騒音計測

　固体の振動によりまわりの流体が圧力変動を起こすとき，また流れによって圧力変動が生じるとき，その圧力変動は気体，液体，固体などの媒質中を音波（疎密波）となって伝播する．騒音（noise）とは人間にとって不快に感じる好ましくない音であり，騒音対策には音源，伝播経路に加えて，人の心理的要因についても考えなくてはならない．

a. 騒音レベル

　音波は流体中を音速 a[m/s] で伝播して人の耳に達し，その変動圧力 $p(t)$ が鼓膜を振動させて音として認識される．したがって変動圧力は1秒間当たりの振動数（これを周波数 frequency といい，Hz（ヘルツ）の単位）と振幅を用いて表され，感じる音の高低は周波数の高低に対応する．一方，音の大きさは圧力変動の振幅の大小に依存し，音圧の大きさは，次式により得られる実効値 $\bar{p}$ によって表す．

$$\bar{p}=\sqrt{\frac{1}{T}\int_0^T [p(t)]^2 dt} \tag{7.20}$$

ここに t は時間，T は変動の周期である．音の強さは単位時間当たりに音の進行方向に垂直な単位面積を通過するエネルギー [W/m²] で表され，流体の密度

ρ, 音速 a, 圧力変動の実効値 $\bar{p}$ を用いて次式となる.

$$I = \frac{\bar{p}^2}{\rho a^2} \tag{7.21}$$

人が聴き取ることができる最小可聴音は $\bar{p}_{min}=$ 約 2×10^{-5} Pa であり，そのエネルギーは $I_{min}=10^{-12}$ W/m^2 となる．そこで，I_{min} と $\bar{p}_{min}$ を基準にとった音の強さ，音圧のレベル (sound intensity level, sound pressure level) をそれぞれ次のように定義している．

$$IL = 10\log\frac{I}{I_{min}}\ [\text{dB}], \qquad L_p = 20\log\frac{\bar{p}}{\bar{p}_{min}}\ [\text{dB}] \tag{7.22}$$

一般に騒音は単一ではなく複数の周波数からなっている．その合成音の強さとその音圧レベルは，下添字 j が示す個々の周波数の値に対して次のようになる．

$$I_{overall} = \sum_{j=1}^{n} I_j, \qquad L_{p\cdot overall} = 10\log\left(\sum_{j=1}^{n} 10^{L_{p\cdot j}/10}\right) \tag{7.23}$$

b. 騒音計測

人には鼓膜の振動を介して音として認識されるので，同じ音圧レベル（音の強さ）でも周波数によって感じる音の大きさは異なり，10^3 Hz から低周波数になるほど鈍感になる．そこで，10^3 Hz の単一周波数の音（純音）の音圧レベルをフォ

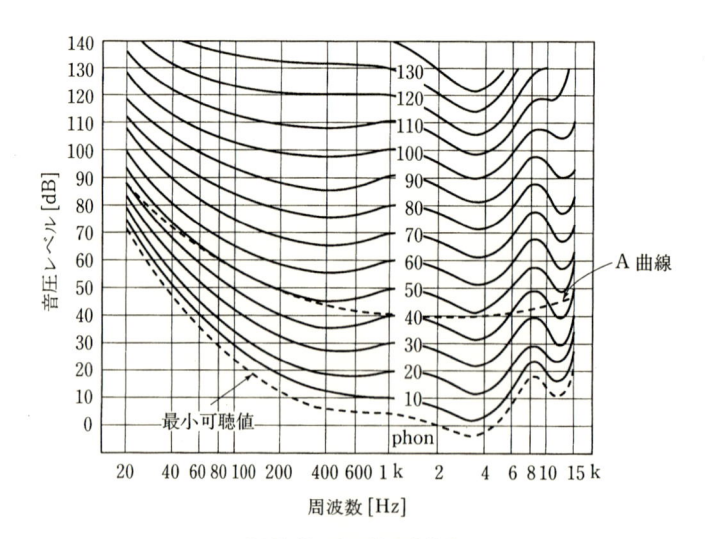

図 7.18 音の等聴感曲線

ン (phon) と定義して，これと同じ大きさに聞こえる他の周波数の音圧レベルの点を結んだ曲線(同一のフォン値を示し，これを等聴感曲線という)を描き(図7.18)，これにより人が感じる音の大きさとして補正を加えている．聴感補正後のレベルを A 特性音圧レベル (A-weight sound pressure level) L_A という．補正後の音圧レベルのオーバーオール値が補正前の値より大きく下がれば，その合成音が低周波数の音から構成されていたことを示している．騒音計を用いた計測では，まずマイクロフォンでいろいろな周波数からなる音(圧力変動)を拾い，その信号を周波数分析して各周波数ごとに(具体的には1オクターブまたは1/3オクターブの帯域ごとに区切って)式(7.22)により音圧レベルを求めて等聴感曲線による聴感補正を加える．そののち式(7.23)により再合成してオーバーオールの音の大きさ(A特性)を求める．

対象とする流れなどの騒音を測定するとき，求めようとする対象音以外の音も拾うことが多い．このとき，計測騒音レベル L_{AM} と測定対象音を止めて得られる騒音レベル L_{A0} (これを暗騒音という)との差が 10 dB 以下であれば，式(7.23)と同じ考え方で，対象音の音圧レベル L_A を次式により補正する必要がある．

$$L_A = L_{AM} + 10\log[1 - 10^{-(L_{AM}-L_{A0})/10}] \tag{7.24}$$

演習問題

7.1 十分大きな密閉タンクに水平管が接続され，タンク内の水が大気に放出されている．管の途中に図 7.19 のような液柱計を設けたところ，液面高さが h_1, h_2 となった．
(1) タンク内圧 p_0，管路内計測点での静圧 p_s をゲージ圧で求めよ．
(2) 管摩擦係数 λ を求める式を示せ．
ただし水の密度を ρ，重力加速度を g とし，空気・ガスの密度は水に比べて無視できるものとする．

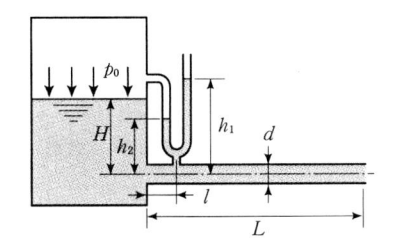

図 7.19 液柱計による圧力計測と管摩擦係数

7.2 密度 ρ の流体が一様速度分布で流れている管内に，先端に孔をもつ細管を流れに平行に挿入し，その孔と断面積 A の流路壁面との圧力差を密度 ρ_m の液体を入れた U 字管マノメータで測定したところ，液面差が h であった（図 7.20）．管内を流れる流量 Q を求める式を示せ．ただしマノメータの導圧管内は密度 ρ の流体で満たされているとし，重力加速度を g とする．

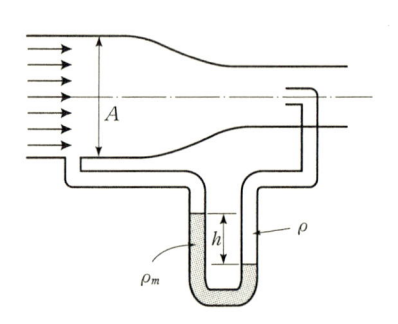

図 7.20　全圧管における流量計測

7.3 一様流速 V の水を高さ h，幅 b のダクトから幅 $2b$ の開水路に流出させたとき，ダクトから十分下流で深さ kh の一様流速となった（図 7.21）．壁面摩擦は無視できるものとし，重力加速度を g として $[V^2/(gh)]$ と k の関係式を導け．

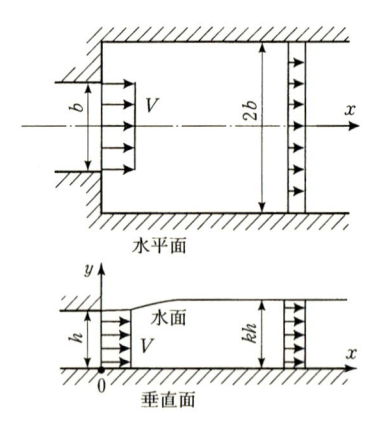

図 7.21　ダクトから開水路への放出

7.4 図 7.22 に示す (1) 四角堰と (2) 三角堰の流量公式を求めよ．ただし流量係数を C，重力加速度を g とする．

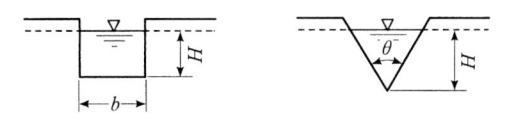

図 7.22 四角堰と三角堰

Tea Time

　大学・高専では最終学年時に卒業研究を行う．読者諸氏の今後に役に立てばと願い，私が経験した卒業研究生の失敗談を二，三話そう．

　①流量を計測するのに管路内にオリフィスを組み込ませて実験を行ったところ，所定の流量が出ませんとのこと．その原因の1つに「設計した配管系の管路抵抗の試算にミスがあって大きくなった」のではと再計算してもらったところ，間違いはない．いろいろ悩んだあげくに配管をばらしてビックリ．オリフィス板には流れ方向があるにもかかわらず，逆につけてあるではないか．さて，「オリフィス板にあけた孔のエッジには切り欠きが付けてあるが，それは上流側，それとも下流側？」

　②中国から来た留学生が遠心羽根車の設計・製図を行い，外注製作ののちポンプに組み込んで，さあ実験．ところがである，今度は，設計流量で運転しても揚程が出ませんとのこと．三相電動機にてポンプを駆動する場合，ときどき，その3線の結線ミスで正常とは逆回転させることがあるので，ただちに私の立ち会いのもとでポンプ運転．ポンプ形状から考えて駆動軸の回転方向も間違いない．それではとポンプをばらしてビックリ．羽根車の回転方向が逆に製作されているではないか．そこで，外注時に渡した製作図をみて，またビックリ．機械の図面は第三角法で描かねばならないのに第一角法になっている．留学生いわく「中国では第一角法で図面をかく」のだそうだ．

　③最近のセンサ類はサイズ的な小型化とともに高応答高精度化が進み，流体計測にも多用されている．そこで，高応答圧力センサを組み込んだピトー管を用いて羽根車下流の詳細計測をしてもらったところ，卒業論文をまとめる段階になって，計測データがおかしいことに気づいた．なぜこんな結果がと悩みつつ，ピトー管を調べたところ，管先端にある取圧孔端の形状が変形している．学生いわく「ちょっと先端を物にぶつけましたけど，まあいいかと無視していました」とのこと．「これまでのデータは使い物にならないから，もう一度，取り直してくれ」と指示していましたところ，今度は「ピトー管を落としてセンサが壊れました」とのこと．私にはセンサの値段(1個20万円)が頭をよぎった．この学生は無事卒業できたのでしょうか？

参考文献

1. 流体の概念と性質
1) 日本機械学会編：機械工学便覧―Ａ５流体工学，丸善 (1995).
2) 生井武文 (校閲)，国清行雄，木本知男，長尾　健：水力学，森北出版 (1998).
3) 井上雅弘：粘性流体の力学，理工学社 (1978).
4) 今井　功：流体力学，裳華房 (1974).
5) Gerhart, Gross and Hochstein: Fundamentals of Fluid Mechanics, Second edition, Addison Wesley (1985).

2. 流体の静力学
1) 中山泰喜：流体の力学，養賢堂 (1989).
2) 松永成徳，富田侑嗣，西　道弘，塚本　寛：流れ学―基礎と応用―，朝倉書店 (1991).
3) 生井武文：流れの力学，コロナ社 (1979).
4) 深野　徹：わかりたい人の流体工学 (I)，裳華房 (1994).
5) 下坂　實：水力学演習，産業図書 (1962).
6) 竹中利夫，浦田暎三：水力学例題演習，コロナ社 (1968).
7) 吉野章男，菊山功嗣，宮田勝文，山下新太郎：流体工学演習，共立出版 (1995).

3. 流れの力学
1) 古川明徳，瀬戸口俊明，林　秀千人：流れの力学，朝倉書店 (1999).
2) 生井武文，国清行夫，木本知男，長尾　健：演習水力学，森北出版 (1979).
3) 中山泰喜：流体の力学，養賢堂 (1989).
4) 松永成徳，富田侑嗣，西　道弘，塚本　寛：流れ学―基礎と応用―，朝倉書店 (1991).
5) 深野　徹：わかりたい人の流体工学 (I)，裳華房 (1994).
6) 板谷松樹：水力学，朝倉書店 (1980).

7) 吉野章男，菊山功嗣，宮田勝文，山下新太郎：流体工学演習，共立出版 (1995).

4. 次元解析
1) 日本機械学会(編)：機械工学便覧—A5 流体工学，丸善 (1995).
2) 日本機械学会：機械工学 SI マニュアル，日本機械学会 (1979).
3) 生井武文(校閲)，国清行雄，木本知男，長尾　健：水力学，森北出版 (1998).
4) Schlichting: Boundary Layer Theory, McGraw-Hill (1960).
5) Gerhart, Gross and Hochstein: Fundamentals of Fluid Mechanics, Second edition, Addison Wesley (1985).

5. 管内流れと損失
1) 古川明徳，瀬戸口俊明，林　秀千人：流れの力学，朝倉書店 (1999).
2) 日本機械学会：機械工学便覧，日本機械学会 (1987).
3) 日本機械学会(編)：管路・ダクトの流体抵抗，日本機械学会 (1979).
4) 日本流体力学会(編)：混相流体の力学，朝倉書店 (1991).
5) 加藤洋治(編)：キャビテーション—基礎と最近の進歩—，槇書店 (1999).

6. ターボ機械内の流れ
1) 妹尾泰利：内部流れと流体機械，養賢堂 (1973).
2) 松永成徳，富田侑嗣，西　道弘，塚本　寛：流れ学—基礎と応用—，朝倉書店 (1991).
3) 井上雅弘，鎌田好久：流体機械の基礎，コロナ社 (1997).
4) 安達　勤，村上芳則：システムとしてとらえた流体機械，培風館 (1998).

7. 流体計測
1) 流れの可視化学会(編)：流れの可視化ハンドブック，朝倉書店 (1986).
2) 谷　一郎，小橋安次郎，佐藤　浩：流体力学実験法，岩波書店 (1983).
3) 日本機械学会(編)：流体計測法，丸善 (1985).
4) 日本機械学会(編)：計測の不確かさ，日本機械学会 (1987).
5) 井上雅弘，鎌田好久：流体機械の基礎，コロナ社 (1997).

演習問題解答

1. 流体の概念と性質

1.1 酸素：$\rho=1.33\,\mathrm{kg/m^3}$，窒素：$\rho=1.16\,\mathrm{kg/m^3}$，二酸化炭素：$\rho=1.83\,\mathrm{kg/m^3}$

1.2 $M=0.167\,\mathrm{kg}$，$p=270\,\mathrm{kPa}$

1.3 空気：$a=343\,\mathrm{m/s}$，水：$a=1435\,\mathrm{m/s}$

1.4 $\beta=6.41\times10^{-10}\,\mathrm{Pa^{-1}}$，$K=1.56\times10^9\,\mathrm{Pa}$

1.5 板②の上・下面に働くせん断力が等しく，向きが反対であることより，板③を $U_3=(\mu_A/\mu_B)(Y_2/Y_1)U_1$ の速度で左向きに動かす．

1.6 $\tau=131\,\mathrm{Pa}$，$T=5.14\times10^{-2}\,\mathrm{N\cdot m}$

2. 流体の静力学

2.1 $x=3r^2\omega^2/(2g)$

2.2 (1) $m_1=\dfrac{a}{A}M$

(2) $(z_1-z_0)=\left(\dfrac{m_2}{a}-\dfrac{M}{A}\right)\Big/\left[\rho\left(1+\dfrac{A}{a}\right)\right]$，$(z_0-z_2)=\dfrac{A}{a}\left(\dfrac{m_2}{a}-\dfrac{M}{A}\right)\Big/\left[\rho\left(1+\dfrac{A}{a}\right)\right]$

2.3 $P_A=\dfrac{\rho g W H_A^2}{2}$，$P_B=\dfrac{\rho g W H_B^2}{2}$，$y=\dfrac{1}{3}\dfrac{H_A^2+H_A H_B+H_B^2}{H_A+H_B}$

2.4 (1) ρgh，(2) $M=\rho\pi[HR^2-(H-h)r^2]$

3. 流れの力学

3.1 $T=\sqrt{2\left[\left(\dfrac{A}{a}\right)^2-1\right]}\left(\sqrt{\dfrac{W}{\rho A}+gH}-\sqrt{\dfrac{W}{\rho A}}\right)\Big/g$

3.2 $F=\dfrac{\rho Q^2}{2}\left(\dfrac{A}{a}-1\right)\left(\dfrac{1}{a}-\dfrac{1}{A}\right)$　(>0)

3.3 (1) $V_m=2V$，(2) $p_1=-\rho\dfrac{V^2}{2}$，(3) $p_1-p_2=\dfrac{\rho V^2}{3}+\dfrac{D}{\pi R^2}$

3.4 (1) $p_1-p_2=(\rho_m-\rho)gh-\rho gz$，(2) $F=\rho AV^2/2+(\rho_m-\rho)2Agh$，

(3) $L=3AV(\rho_m-\rho)gh+9\rho AV^3/8$

3.5 (1) $F = \rho V^2 \sqrt{4a^2(1-\cos\theta)^2 + (a_1-a_2)^2 \sin^2\theta}$,
$\tan\delta = [(a_1-a_2)\sin\theta]/[2a(1-\cos\theta)]$

(2) $\dfrac{a_2}{a_1} = \dfrac{\sin\delta - \sin(\delta+\theta)}{\sin\delta - \sin(\delta-\theta)}$

3.6 (1) $p_1 - p_2 = -\rho\dfrac{V^2}{2}\left(1 - \dfrac{1}{\sin^2\alpha}\right)$, (2) $F_x = \rho V^2 t/\tan\alpha$, $F_y = \dfrac{\rho V^2 t}{2}\left(\dfrac{1}{\sin^2\alpha} - 1\right)$

3.7 $z_1 = z_0 \cos[\sqrt{(2g/l)} \cdot t]$ の単振動

4. 次元解析

4.1 水：$V = 0.046\,\text{m/s}$, 油：$V = 0.132\,\text{m/s}$

4.2 $T_m = 331\,\text{K} = 58°\text{C}$, $V_m = 146\,\text{m/s} = 525\,\text{km/h}$

4.3 $V_m = 1.43\,\text{m/s}$, $D = 6.06 \times 10^5\,\text{N}$

4.4 $A = 13.8\,\text{m}^2$

4.5 地上：$a = 343\,\text{m/s}$, $M = 0.65$, 上空：$a = 299\,\text{m/s}$, $M = 0.74$

5. 管内流れと損失

5.1 (1) $V = \sqrt{2gh} = 6.26\,\text{m/s}$, (2) $V = \sqrt{\dfrac{2gh}{\zeta_{in} + \lambda\dfrac{l}{d} + \zeta_{out}}} = 4.13\,\text{m/s}$

5.2 $d = \lambda l \left(\dfrac{2gh}{V^2} - 1 - \zeta_{in}\right)^{-1}$

5.3 $V = 3.5\,\text{m/s}$

5.4 $1.64 \times 10^4\,\text{Pa}$

5.5 $Q = \dfrac{\pi}{4}d^2 \sqrt{\dfrac{2gh}{\zeta_1 + \dfrac{\zeta_2\zeta_3}{(\sqrt{\zeta_2}+\sqrt{\zeta_3})^2} + \zeta_4}}$

5.6 管①：$0.09\,\text{m}^3/\text{min}$ を B から A へ流れる.
管②：$2.91\,\text{m}^3/\text{min}$ を B から C へ流れる.
管③：$1.08\,\text{m}^3/\text{min}$ を C から D へ流れる.
管④：$2.92\,\text{m}^3/\text{min}$ を D から A へ流れる.
管⑤：$2.17\,\text{m}^3/\text{min}$ を A から C へ流れる.
注）管⑤は2つの管路網に共通しているので，補正量は管路網①②⑤と管路網⑤③④の両方を加える．ただし，管路網①②⑤についての計算では，管⑤の補正量は $(q_{①②⑤} - q_{⑤③④})$ とする．また，管路網⑤③④ではその逆とする．

6. ターボ機械内の流れ

6.1 (1) $\beta_{b_1}=\tan^{-1}(V_1/U)$, (2) $\beta_{b_2}=\delta+\tan^{-1}\{[V_1/U]/[1-g(H+h_f)/U^2]\}$,
(3) $F_u=\rho V_1 t(U-V_1/\tan\beta_2)$, $H+h_f=U(U-V_1/\tan\beta_1)$

6.2 $\tan\beta_1=g(H-h_f)\tan\alpha_1/[g(H-h_f)-R_1^2\omega^2]$, $\tan\beta_2=g(H-h_f)\tan\alpha/(R_2^2/\omega^2)$

7. 流体計測

7.1 (1) $p_s=\rho g h_1$, $p_o=\rho g(h_1-h_2)$, (2) $\lambda=dh_1/[(H-h_2)(L-l)-h_1 l]$

7.2 $Q=A\sqrt{\left(\dfrac{\rho_m}{\rho}-1\right)2gh}$

7.3 $\dfrac{V^2}{gh}=\dfrac{2k(k^2-1)}{2k-1}$

7.4 (1) $Q=\dfrac{2}{3}Cb\sqrt{2g}H^{3/2}$, (2) $Q=\dfrac{8}{15}C\tan\dfrac{\theta}{2}\sqrt{2g}H^{5/2}$

索　引

ア　行

圧縮機　107
圧縮性　2
圧縮流れ　15
圧縮率　8
圧　力　6, 19, 41
圧力係数　71
圧力中心　26
圧力ヘッド　46
圧力変換器　118

一次元流れ　16, 36
位置ヘッド　46
一様流れ　12

ウェーバ数　71
浮子式面積流量計　124
渦なし流れ　46
渦流量計　125
運動学的相似　68
運動量交換　12
運動量流束　41

A特性音圧レベル　133
液　体　1
　　——の圧縮率　8
液柱計　23
SI単位　62
エルボ　89
遠心形　108
エンタルピー　45

オイラーの式　109
オイラーの方法　36
オイラーヘッド　109
オリフィス板　122
音圧レベル　132
音　速　8

カ　行

開きょの流れ　125
壊　食　103
外部流れ　42
可逆仕事　45
角運動量　54
角運動量流束　55
過渡的流れ　53
カルマン渦　125
完全気体　6
完全流体　15
管内流れ　75
管の粗さ　80
管摩擦　77
管摩擦係数　78
管　路　75
管路系　82
管路網　95

気液二相流　101
機械効率　110
機械損失　110
幾何学的相似　68, 69
気　体　1
気体定数　7
キャビテーション　103
急拡大　82
急縮小　85
強制渦　31

クエット流　11
クヌッセン数　4

傾斜マノメータ　116
計測の不確かさ　115
ゲージ圧　23, 116
検査体積　37
検査面　37

工学単位系 64
剛体渦 31
後流 43
合流 93
抗力 64
抗力係数 66, 71
固液二相流 101
固気二相流 100
誤差 115
固体 1
混相流れ 100
混流形 108

サ行

座標系 37
三次元流れ 16, 36

仕切り弁 90
軸流形 108
次元 63
次元解析 61, 64
示差マノメータ 116
実機 68
質量の保存式 38
質量流量 39
射流 127
斜流形 108
自由渦 31
周波数 131
周波数応答 118
十分に発達した流れ 77
重力 21
重力加速度 22
縮流係数 86
衝撃波 4
状態方程式 6
常流 127

水撃現象 9
水車 107
水頭 22
水力効率 110
水力損失 110
水力直径 81
水力平均深さ 126
スタントン管 120
ストローハル数 71
すべりなし条件 10

寸法効果 72

静圧 46
静ヘッド 46
堰 128
絶対圧 23, 116
絶対温度 7
全圧 46
全圧力 25
せん断応力 12, 19, 41
せん断変形 2, 10
せん断変形速度 11
せん断力 10
全ヘッド 46

騒音 131
相似則 68, 69
相似パラメータ 69, 72
総損失 92
相対粗さ 69, 71, 78
送風機 107
層流 76
速度勾配 11
速度三角形 112
速度ヘッド 46
損失圧力 46
損失係数 71, 82
損失ヘッド 46

タ行

大気圧 22
体積効率 110
体積弾性係数 8
体積流量 39
体積力 19, 41
多管マノメータ 116
タービン 107
タービン流量計 125
ターボ形 107
玉形弁 90
ダルシー・ワイスバッハの式 79
単位 62
単位系 62
弾性形圧力計 118
単相 100

注入トレーサ法 131
超音波流量計 123

索　引

ちょう形弁　91
跳　水　127

定常流れ　15, 37
ディフューザ　85
電磁流量計　123

動　圧　46
等エントロピー変化　7
等温変化　7
動粘度　13
動ヘッド　46
等　流　125
トリチェリーの実験　22
トルク　54
トルクコンバータ　107

ナ　行

内部流れ　43
流れ計測　115
流れの可視化　129
流れ場　2

二次元流れ　16, 36
二次流れ　89
ニュートンの粘性法則　12
ニュートン流体　13

熱線流速計　121
熱膜流速計　121
粘　性　1, 10, 75
粘性流れ　15
粘　度　12, 76

ノズル　122

ハ　行

はく離　82
パスカルの原理　20
バッキンガムのπ定理　62, 64, 66
羽根車　107, 108, 110
半径流形　108

非圧縮性流体　45
非圧縮流れ　15
比エネルギー　126
比　重　4
比重量　5, 22, 117

比体積　4
非定常流れ　15, 37
ピトー管　119
非ニュートン流体　13
比熱比　7
非粘性流れ　15
非粘性流体　13
表面力　19, 41

ファニングの式　126
風　車　107
フォン　132, 133
物性値　6
不等流　127
浮　力　28
フルード数　71, 127
プレストン管　120
分　岐　93

平均自由行程　3
壁面トレース法　130
ヘッド　22
ベルヌーイの式　46
ベルマウス　87
ベンチュリ管　122
ベンド　89

ホイートストン・ブリッジ回路　118
ボイド率　102
ポリトロープ変化　7
ボルダ・カルノーの式　83
ホールドアップ　102
ポンプ　107

マ　行

マイナーロス　82
摩擦係数　71
摩擦力　1, 10
マッハ数　15, 71
マニングの式　126
マノメータ　23, 116

乱　れ　119
密　度　4

無次元パラメータ　61, 64, 71
ムーディ線図　81

145

毛管現象　25
模　型　68
模型試験　61, 68
漏れ損失　110

ヤ　行

有効数字　115

容積形　107
容積式流量計　124
揚　程　110, 112
揚力係数　71
翼　車　107
よどみ点　119
よどみ点圧　46
ヨーメータ　120

ラ　行

落　差　111, 112
ラグランジュの方法　35
乱　流　76

力学的相似　68, 70
理想気体　6

流　管　37
流出係数　122
流　跡　129
流　線　37, 129
流速分布　119
流速変動　119
流　体　1
流体機械　107
流体工学　1
流体継手　107
流体の連続体近似　3
流　脈　129
流　量　119
流量係数　122
理論揚程　109
臨界水深　127
臨界レイノルズ数　72, 77

レイノルズ数　66, 68, 71, 72, 77, 78
レーザ・ドップラ流速計　121
連続体　1
連続体近似　2, 3
連続の式　39

著者略歴

古 川 明 徳（ふるかわ・あきのり）　　［2, 3, 6, 7 章］
1949 年　福岡県に生まれる
1977 年　九州大学大学院工学研究科博士課程単位取得退学
現　在　九州大学大学院工学研究科機械科学専攻・教授
　　　　工学博士

金 子 賢 二（かねこ・けんじ）　　［1, 4 章］
1942 年　福岡県に生まれる
1969 年　九州大学大学院工学研究科修士課程修了
現　在　佐賀大学理工学部機械システム工学科・教授
　　　　工学博士

林 秀 千 人（はやし・ひでちと）　　［5 章］
1956 年　福岡県に生まれる
1984 年　九州大学大学院工学研究科博士課程単位取得退学
現　在　長崎大学工学部機械システム工学科・助教授
　　　　工学博士

基礎機械工学シリーズ 7
流 れ の 工 学　　　　　　　　　　定価はカバーに表示

2000 年 4 月 10 日　初版第 1 刷
2014 年 9 月 25 日　　　　第 11 刷

　　　　　　　　　著　者　古　川　明　徳
　　　　　　　　　　　　　金　子　賢　二
　　　　　　　　　　　　　林　　秀　千　人
　　　　　　　　　発行者　朝　倉　邦　造
　　　　　　　　　発行所　株式会社　朝　倉　書　店
　　　　　　　　　　　　　東京都新宿区新小川町 6-29
　　　　　　　　　　　　　郵便番号　162-8707
　　　　　　　　　　　　　電　話　03 (3260) 0141
　　　　　　　　　　　　　FAX　03 (3260) 0180
　　　　　　　　　　　　　http://www.asakura.co.jp

〈検印省略〉

© 2000〈無断複写・転載を禁ず〉　　　　平河工業社・渡辺製本
ISBN 978-4-254-23707-8 C3353　　　　Printed in Japan

JCOPY　＜(社)出版者著作権管理機構　委託出版物＞
本書の無断複写は著作権法上での例外を除き禁じられています。複写される場合は，そのつど事前に，(社)出版者著作権管理機構（電話 03-3513-6969, FAX 03-3513-6979, e-mail: info@jcopy.or.jp）の許諾を得てください。

好評の事典・辞典・ハンドブック

物理データ事典	日本物理学会 編	B5判 600頁
現代物理学ハンドブック	鈴木増雄ほか 訳	A5判 448頁
物理学大事典	鈴木増雄ほか 編	B5判 896頁
統計物理学ハンドブック	鈴木増雄ほか 訳	A5判 608頁
素粒子物理学ハンドブック	山田作衛ほか 編	A5判 688頁
超伝導ハンドブック	福山秀敏ほか 編	A5判 328頁
化学測定の事典	梅澤喜夫 編	A5判 352頁
炭素の事典	伊与田正彦ほか 編	A5判 660頁
元素大百科事典	渡辺 正 監訳	B5判 712頁
ガラスの百科事典	作花済夫ほか 編	A5判 696頁
セラミックスの事典	山村 博ほか 監修	A5判 496頁
高分子分析ハンドブック	高分子分析研究懇談会 編	B5判 1268頁
エネルギーの事典	日本エネルギー学会 編	B5判 768頁
モータの事典	曽根 悟ほか 編	B5判 520頁
電子物性・材料の事典	森泉豊栄ほか 編	A5判 696頁
電子材料ハンドブック	木村忠正ほか 編	B5判 1012頁
計算力学ハンドブック	矢川元基ほか 編	B5判 680頁
コンクリート工学ハンドブック	小柳 洽ほか 編	B5判 1536頁
測量工学ハンドブック	村井俊治 編	B5判 544頁
建築設備ハンドブック	紀谷文樹ほか 編	B5判 948頁
建築大百科事典	長澤 泰ほか 編	B5判 720頁

価格・概要等は小社ホームページをご覧ください．